REAL RECIPE

내 인생의 마스터피스

한번 배워서 평생 써먹는
최고의 케이크&디저트

요리_공은숙

동아일보사

한번 배워서 평생 써먹는
최고의 케이크&디저트

1판 1쇄 인쇄 2012년 5월 1일
1판 1쇄 발행 2012년 5월 15일

지은이 | 공은숙

발행인 | 김재호
편집인 | 이재호
출판팀장 | 안영배

편집장 | 이기숙
진행 | 이유진, 유은혜
사진 | 홍중식
스타일링 | 김상영
아트디렉터 | 윤상석
본문 디자인 | 박은경
표지 디자인 | 디자인싱자
마케팅 | 이정훈 · 정택구 · 박수진
교정 | 이현숙
인쇄 | 삼성문화인쇄

펴낸곳 | 동아일보사
등록 | 1968.11.9(1-75)
주소 | 서울시 서대문구 충정로3가 139번지(120-715)
마케팅 | 02-361-1030~3 팩스 02-361-1041
편집 | 02-361-0992 팩스 02-361-0979
홈페이지 | http://books.donga.com

저작권 ⓒ 2012 공은숙
편집저작권 ⓒ 2012 동아일보사
이 책은 저작권법에 의해 보호받는 저작물입니다.
저자와 동아일보사의 서면 허락 없이 내용의 일부를 인용하거나 발췌하는 것을 금합니다.

ISBN 978-89-7090-892-2 13590
값 13,800원

여러 가지를 대충 하느니
제대로 익힌 한 가지가 평생 내 것

이름 없는 동네 제과점이 한창 인기였던 과거를 생각하면 집에서 케이크를 만든다는 건 그야말로 대단한 일이었지요. 그때만큼은 아니지만 지금도 집에서 케이크를 만든다고 하면 한번 더 쳐다보게 됩니다. 이 사람, 솜씨 좀 있나 보다 하면서 말이지요. 밥하고 반찬 하는 건 대수롭지 않게 여기면서 케이크를 만든다고 하면 다시 보게 되는 건 왜일까요? 아마도 케이크와 디저트가 지닌 특별함 때문일 거예요. 반죽하고 굽고 데커레이션하는 과정 하나하나 정성이 들어가지 않고서는 만족스러운 결과를 얻을 수 없다는 것쯤은 직접 해보지 않아도 가늠이 되니까요. 그래서 선뜻 시도하지 못하는 분이 많을 거예요.

하지만 맛있는 케이크와 디저트가 주는 감동을 생각하면 꼭 한번 도전해보라고 권하고 싶어요. 식사의 마무리는 디저트라는 건 다들 인정하실 거예요. 그 마무리가 잘되어야 행복한 식사 시간으로 기억되지요. 대단한 요리를 먹어도 디저트가 부실하면 공들인 보람도 없이 뭔가 찜찜합니다. 케이크 한 조각이 지닌 가치는 그런 것이라 생각합니다. 그러니 적은 양이라도 결코 소홀히 할 수 없는 것이지요.

요즘은 간편한 조리법을 선호하는 추세라 인터넷 검색을 하면 재료도 방법도 간소화한 레시피를 쉽게 만날 수 있습니다. 저에게도 구하기 쉬운 재료로 대체하면 안 되냐, 계량 방법을 쉽게 하는 방법을 가르쳐달라, 번거로운 과정을 손쉽게 할 수 있는 비법을 알려달라는 경우가 적지 않습니다. 물론 찾자고 들면 쉽게 하는 방법이야 얼마든지 있겠지요. 하지만 한번 생각해보세요. 후다닥 만들기 위한 케이크를 원하는지, 정말 맛있는 케이크를 원하는지를 말이에요. 저는 조금은 까다로워도 맛있는 것을 먼저 고려합니다. 언뜻 생소해 보이는 재료도 발품을 팔면 인터넷 사이트나 제과제빵 재료상에서 쉽게 구할 수 있고, 복잡해 보이는 과정도 성의를 가지고 시간을 투자한다 생각하면 해결될 것들이에요. 그렇게 해서 원하던 맛을 얻는다면 충분히 가치 있고 보람된 일이라 생각합니다.

그래서 이 책에서는 무조건 쉬운 방법보다 기본기를 탄탄히 해서 제대로 만드는 방법을 제시합니다. 그중에는 종류에 따라 상대적으로 수월한 것도 있고, 어려운 것도 있어요. 평소 저의 지론은 대충 쉽게 여러 가지를 배우기보다 난이도 있는 것 한 가지를 터득하면 평생 가져갈 수 있다는 거예요. 일례로 스펀지케이크, 타르트 시트 하나만 제대로 구울 줄 알면 정말 변화무쌍한 케이크를 만들 수 있어요. 디저트도 마찬가지고요. 옛말에 하나를 가르치면 열을 안다는 말이 딱 맞아요.

적당히 달달하고 부드럽다고 다 케이크가 아닙니다. 케이크와 디저트는 마지막 입 안에 남는 여운을 살리는 것이 중요해요. 망고무스라고 하면 망고의 맛을 최대한 끌어내서 이름에 걸맞게 만드는 것이 맞아요. 그러자면 정확한 계량과 시간, 아무리 적게 넣는 재료라도 철저히 챙기는 것은 기본이고요. 귀찮다고 소소한 것들을 하나 둘

빼면 '사 먹는 게 낫겠다' 는 수준을 벗어나기 어렵습니다. 그저 경험 삼아 한번 만들어봤다는 정도의 자족감에 그칠 것이 아니라면 조금 복잡하더라도 그 과정을 충분히 즐겼으면 합니다.

공들여 만든 케이크와 디저트 한입이 주는 만족감은 단순히 달콤한 맛 그 이상이니까요. 때론 벅찬 감동으로, 일상의 행복으로 전해집니다. 이 책을 통해 그런 행복과 감동을 여러분과 함께 느끼고 싶습니다. 물론 누구나 파티시에처럼 숙련된 테크닉을 갖출 수는 없어요. 그래서 홈메이드의 기본부터 섬세한 감각과 기술을 요하는 전문가 수준의 고급 레시피까지 다양한 난이도의 메뉴들로 구성해보았습니다. 어떤 것은 대중적이라 부담 없이 도전할 수 있고, 또 어떤 것은 조금은 특별해서 하나쯤 익혀두고 싶은 마음이 드는 것들이에요. 더불어 질 좋은 쿠키와 센스 있는 디저트, 그리고 카페를 직접 운영했던 경험을 바탕으로 인기 있는 카페 메뉴까지 알차게 담았습니다.

때로는 내 가족을 위한 사랑의 표현으로, 때로는 누군가에게 고마운 마음을 전달하는 선물로 요긴하게 활용할 수 있을 거예요. 혼자 먹는 것이 아니라 함께 나누고 교감하는 것이기에 조금 수고롭더라도 깐깐하게 만들 가치는 충분한 것 같아요. 이 책이 먹는 사람에게도, 만드는 사람에게도 훈훈한 감동을 선사하는 행복 레시피가 되기를 바랍니다.

공은숙

contents

요리고민 해결 Q&A

집에서 케이크나 서양식 디저트 한번 만들려면 왠지 번거롭게 느껴지곤 합니다. 재료도 생소하고 조리 방법도 익숙한 한식과는 다르니까요. 한식이야 양념을 조금씩 넣으면서 어떻게 조절이라도 해보겠는데, 케이크는 한번 잘못되면 수습하기 어렵다는 분도 많습니다. 그렇다면 이 페이지를 주목하세요. 기본기부터 요리 고수의 비법까지 꼭 필요한 내용만 담았습니다. 이제 케이크에 대한 이해가 조금은 넓고 깊어질 거예요.

오일과 에센스가 헷갈려요. 활용법도 알려주세요.

추출하는 재료의 차이예요. 알코올로 추출한 것은 에센스, 기름으로 추출한 것은 오일이에요. 에센스는 무스나 음료처럼 가열하지 않는 메뉴에 사용하고, 오일은 쿠키나 케이크 등 오븐에 넣어 가열하는 메뉴에 주로 사용합니다.

젤라틴과 잼베이스는 어떻게 다른가요?

둘 다 응고제 역할을 하는 재료인데 젤라틴은 동물에서, 잼베이스는 식물에서 추출한 거예요. 젤라틴에는 판젤라틴과 가루 젤라틴 두 가지가 있는데 둘 다 미리 물에 불려서 써야 해요. 판젤라틴은 찬물이나 상온의 물에 담가놓으면 부드러워지는데 이것을 꼭 짜서 사용하면 됩니다. 가루젤라틴은 가루가 젖을 정도로만 물을 부어 사용합니다. 잼베이스는 잼, 마멀레이드, 젤리 등을 만들 때 넣습니다.

꼭 무염버터를 사용해야 하나요?

무염버터와 가염버터의 차이는 소금 첨가 여부예요. 말 그대로 무염버터는 소금을 넣지 않는 버터예요. 베이킹에서는 무염버터를 씁니다. 물론 조리 과정에서 소금을 넣기도 하니 가염버터를 써도 괜찮다고 생각할 수 있는데, 소금의 양을 조절할 수 없어 원하는 맛을 내기 어렵답니다.

버터는 어떻게 계량하죠? 녹인 상태를 기준으로 하나요?

버터는 고체 덩어리 상태를 기준으로 계량합니다.

모든 재료의 양을 g으로 표기하는데, 달걀 같은 건 꼭 맞추기가 어려워요.

달걀을 g으로 계량하려면 번거로운 것이 사실이에요. 하지만 잠깐 편하자고 개수로 표시하면 매번 분량이 달라질 거예요. 달걀 크기가 다를 테니까요. 조금 귀찮더라도 달걀을 깨서 그릇에 담아 계량하세요. 특히 달걀은 베이킹에서 없어서는 안 되는 재료잖아요.

저울과 계량 도구가 꼭 있어야 하나요?

빵과 케이크를 만드는 데 있어 저울은 없어서는 안 되는 도구예요. 언뜻 생각하기에 1g 차이가 별것 아닌 것 같아도 결과는 크게 차이가 납니다. 이 책에서는 모든 계량을 저울로 하고 g으로 표시했어요. 정확한 계량이 실패 없는 베이킹의 지름길이니 꼭 준비하세요.

베이킹 팬 녹 안 슬고 오래 쓰려면 어떻게 관리하죠?

베이킹 팬에 묻은 물기를 없애는 것이 가장 좋아요. 오븐에 사용한
뒤에는 깨끗이 씻어서 팬만 오븐에 넣고 가열합니다. 수분을 날려
보관하면 녹이 슬지 않습니다.

오븐 종류에 따라 굽는 시간이 다른가요?

가스 오븐이냐 전기 오븐이냐에 따라 화력의 차이가 있는데
우리나라는 일반적으로 전기 오븐의 화력이 더 강해요. 또 같은 전기
오븐이라도 제조사에 따라 실제 온도가 차이 나기 마련이에요. 내가
사용하는 오븐의 특성을 감안해 레시피에 제시된 온도와 시간을
조절해보세요. 예를 들면 170℃에서 30분을 구우라고 되어 있어 그대로
했는데 타거나 구운 색이 제대로 나지 않는다면 온도를 약간 낮추거나
높여 굽는 것이죠. 몇 번 해보면 자연스럽게 터득할 수 있답니다.

베이킹은 작업할 때 온도가 중요하다는데 어떻게 다른가요?

타르트 온도에 민감한 편이에요. 온도가 높으면 버터가 녹아 타르트
시트용 반죽이 축축 처지면서 들러붙어 모양을 잡기 어려우니
주의하세요. 그 외 빵이나 케이크는 대부분 온도 조절에 크게 신경
쓰지 않아도 괜찮습니다.

오븐에 구운 케이크 중에는 뜨거울 때 틀에서 꺼내는 것과 완전히 식힌 후 꺼내는 것이 있어요. 기준이 있나요?

수분을 흡수하면 안 되는 것은 뜨거울 때 분리합니다. 시폰케이크나
타르트는 뜨거울 때 재빨리 꺼내야 해요. 반면 모양을 잘 잡아야 하는
것은 완전히 식힌 후 꺼내세요.

버터나 초콜릿 중탕하는 것을 전자레인지 해동 코스로 하면 안되나요?

시간이 걸리고 번거롭더라도 뜨거운 물에 그릇을 담고 중탕하는 것이
가장 좋아요. 중탕 온도는 40℃로 유지합니다. 그런데 전자레인지는
딱 그만큼의 온도를 맞추기 어렵지요. 자칫 온도가 높으면 타버리기
때문에 좋은 방법이라고 할 수는 없답니다.

생크림케이크 만들 때 생크림을 매끄럽게 바르려면 어떻게 하나요?

생크림 거품이 너무 단단하면
아이싱할 때 표면이 매끄럽지
않아요. 70~80%가 적당합니다.
그리고 스패출러를 사용해 크림을
바를 때 고르게 한다고 너무 오래
문지르면 오히려 크림 상태가
거칠어질 수 있으니 주의하세요.
케이크 옆면을 아이싱할 땐 자세를
반듯하게 하고 스패출러를 세워서
사용합니다.
(p95 딸기생크림케이크 참조)

달걀을 실온 상태로 써야 하는 이유가 있나요?

달걀이 차가우면 버터와 섞을
때 잘 섞이지 않고 덩어리지기
쉬워요. 특히 거품을 내야 할 때는
냉장 보관했던 달걀을 실온에
꺼내두었다 사용해야 거품이 잘
올라옵니다.

레시피대로 했는데 뭔가 2% 부족한 것 같아요.
베이커리처럼 맛내는 비결이 따로 있어요?

리큐어나 에센스를 넣으면 풍부한 향과 식감을 살리는 데 아주
효과적이에요. 특히 무스 종류에는 소량이나마 술을 꼭 넣어요. 술을
조금 넣으면 버터 냄새나 달걀 냄새를 없애주고 베이커리에서 파는
것처럼 디테일한 향과 식감을 살릴 수 있어요. 케이크 특유의 맛을
살리는 데 중요하기 때문에 적은 양이지만 매우 중요한 역할을 합니다.

빵, 쿠키, 케이크는 어떻게 보관하면 오래두고 맛있게 먹을 수 있나요?

수분을 보존하고 공기와 접촉하지
않도록 보관하는 것이 기본이죠. 빵과
쿠키는 지퍼백에 넣어 실온 또는 냉동
보관합니다. 진공포장을 해도 좋아요.
냉장 보관은 냉장고 냄새를 흡수하기
때문에 권하지 않습니다. 케이크는
오래 보관하지 않고 만들어서 한
번에 먹는 것이 가장 좋지만, 부득이
보관해야 한다면 공기가 들어가지
않게 포장해서 냉동 보관하세요.
케이크는 먹을 때 온도도 중요해요.

베이킹파우더, 베이킹소다, 이스트의 차이점이 뭔가요?

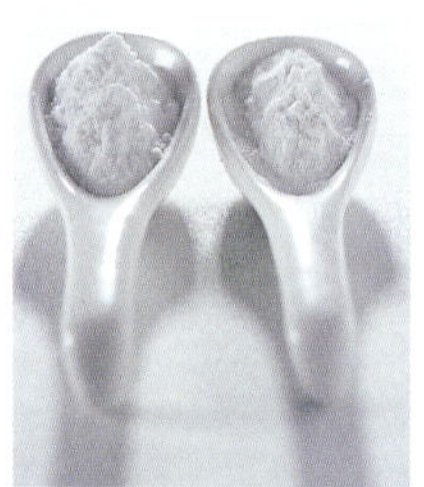

모두 팽창제 역할을 한다는 공통점이
있지만 용도가 달라요. 발효하는 빵에는
이스트, 케이크 종류에는 베이킹파우더와
베이킹소다를 넣습니다. 베이킹소다에
몇 가지 첨가물을 더해 만든 것이
베이킹파우더인데 베이킹소다보다 팽창력이
떨어지기 때문에 소다보다 많은 양을
넣습니다. 베이킹소다는 부드럽게 하는 역할도 하기 때문에 경우에
따라 베이킹파우더와 함께 사용하기도 합니다.

칼로리 부담 때문에 설탕 넣는 것이 조심스러워요.
칼로리는 낮추면서 맛내는 비법이 있나요?

단지 단맛을 내기 위해서만 설탕을 넣는 건 아니에요. 당도가 일정
수준 이상 되어야 케이크가 부푼답니다. 사용량 자체를 줄이기보다는
몸에 덜 해로운 설탕을 넣으라고 권하고 싶어요. 정제되지 않은
유기농설탕이나 미네랄이 첨가된 설탕을 넣으면 조금은 안심이
된답니다.

머랭이 잘 안 되는데, 비결 좀 알려주세요.

달걀흰자를 단단하게 거품 낸 것을 머랭이라고 해요. 단단하게 만들고 싶다면
실온에 둔 달걀 흰자를 사용하세요. 달걀이 너무 싱싱하면 흰자 자체가
단단해서 거품이 잘 나지 않아요. 설탕은 나눠 넣고 핸드믹서를 저속으로
돌리다가 고속으로 놓고 사용하면 윤기 나고 단단한 머랭을 만들 수 있어요.
(p24 초코파운드케이크, p68 오렌지시폰케이크 참조)

핸드믹서를 사용할 때도 거품 잘 내는 노하우가 있나요?

케이크가 잘 부풀지 않고 뻑뻑하다면 거품을 제대로 내지 않아서인데,
케이크 종류에 따라 거품 내는 방법이 달라요. 단단하게 거품을 낼 때는
저속에서 고속으로 사용하고, 거품을 조금 가라앉혀야 할 때는 반대로
고속으로 사용하다 저속으로 마무리해 거품을 끕니다. 또 반죽을 많이
부풀려야 할 때는 처음부터 끝까지 고속으로 사용합니다.

핸드믹서로 거품을 낼 때, 고속으로 하다 저속으로 내리면 케이크가 달라지나요?

고속으로 하면 기포가 커지는데 저속으로 줄이면 기포가 작아지면서
거품도 조금 가라앉습니다. 그 상태에서 밀가루를 섞어 스펀지케이크를
구우면 케이크가 부드럽습니다.

와플, 맛있게 만드는 비법 좀 알려주세요.

미국식 와플은 베이킹파우더를 넣어 만들어서 시럽을 뿌려 먹고,
벨기에식 와플은 이스트로 발효해 구워서 과일이나 크림을 얹어
먹어요. 와플은 반죽이 중요한데 사과주스를 넣어 반죽하면
베이킹파우더의 냄새가 제거되어 다른 재료를 토핑하지 않아도
맛있답니다.

빵에 넣을 호두에서 전내가 나는데 반죽에 넣어도 괜찮을까요?

전내는 오래 묵혀서 나는 냄새예요.
이 냄새는 없애기 어려워요.
반죽에 섞어서 오븐에 굽는다고
해도 없어지지 않을뿐더러 오히려
전체적인 맛을 해치기 쉬우니
가급적 사용하지 않는 편이
낫습니다.

프랑스밀가루는 국내산 밀가루와 어떤 차이가 있나요?

요즘 프랑스밀가루를 사용한다고 홍보하는 빵집이 있지요.
프랑스밀가루는 국내산 밀가루보다 글루텐 함량이 높아서 바삭한
빵이나 비스코티처럼 딱딱한 쿠키를 만들 때 쓰면 좋아요. 구하기
어려우면 강력분으로 대체해도 괜찮습니다.

카스텔라와 스펀지케이크는 같은 거 아닌가요?

언뜻 비슷해 보이지만 완전히 달라요. 가장 큰 차이는 카스텔라는 그 자체로
완성된 하나의 케이크지만 스펀지케이크는 다른 케이크를 만들기 위한
기본 재료의 하나라는 점이에요. 때문에 스펀지케이크는 카스텔라보다 맛이
담백해요. 만드는 방법도 많이 다르답니다. 스펀지케이크는 반죽을 케이크 틀에
붓고 한 번에 구우면 되지만 카스텔라는 좀 복잡해요. 반죽할 때도 거품을
냈다 가라앉혔다 몇 번을 반복하고 구울 때도 나무 틀을 사용하고 중간에 꺼내
가스를 빼야 합니다.

갖춰두면 두고두고
요리하기 쉽고 즐겁다!

기본 도구와 양념

케이크와 디저트는 디테일한 맛과 더불어 보기에도 예뻐야 만족도가 높아요. 그래서 소량이지만 꼭 넣어야 하는 재료, 만드는 과정을 편리하게 도와주는 도구가 필수예요. 이런 것들이 있으면 복잡할 것 같은 메뉴도 수월하게 만들 수 있답니다.

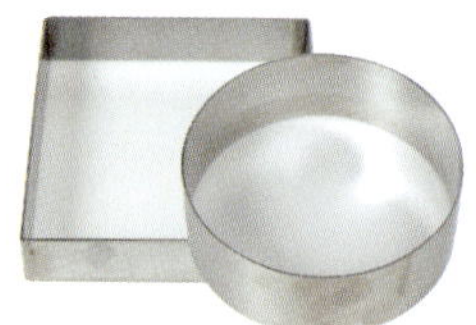

사각틀·원형틀

케이크 또는 무스용 틀로 사용한다. 케이크의 기본이 되는 스펀지케이크를 구울 때도 꼭 필요하다.

사각철판

두꺼운 철판으로 열전도가 잘되게 만든다. 케이크 틀을 여기에 올려놓고 굽기도 하고 철판에 직접 반죽을 부어 얇은 스펀지 시트를 구울 수도 있다.

쿠키 서버

뜨거운 쿠키를 오븐팬에서 떼어낼 때 쓴다. 뜨거운 상태에서 손이나 집게로 잘못 건드리면 부서질 수도 있는데 서버를 사용하면 그럴 염려가 없다.

거름망

이중으로 된 거름망으로 밀가루 등을 곱게 내릴 때 사용한다. 망 한쪽에 고리가 달려 있어 볼에 걸쳐놓고 쓸 수 있어 편리하다.

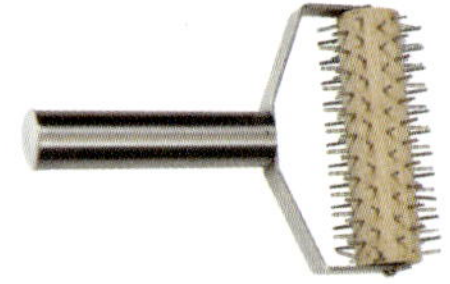

피케

타르트 시트에 공기구멍을 낼 때, 쿠키 반죽에 구멍을 낼 때 사용한다. 롤러 형식으로 되어 있어 넓은 면에 쉽고 고르게 구멍을 낼 수 있다. 피케가 없으면 포크를 활용해도 된다.

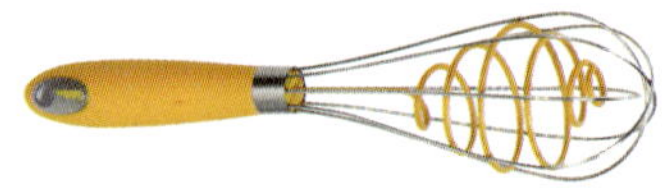

거품기

안에 살이 하나 더 있어 재료를 풀어가며 섞거나 간단히 거품 낼 때 편리하다. 버터를 부드럽게 풀거나 생크림 거품을 낼 때, 머랭을 만들 때는 전동 거품기를 사용한다.

실리콘 붓

잼이나 주레를 바를 때, 시럽을 바를 때 사용하면 좋다. 일반 요리용 붓과 달리 올이 빠지지 않고 사용한 후에도 뭉치지 않아 관리하기 쉽다.

고무주걱

주걱은 주로 가루를 섞을 때 사용한다. 그중에서도 고무주걱은 반죽을 볼에서 말끔하게 긁어낼 때 유용하다. 고온에도 강해 일반 조리용 주걱으로도 사용한다.

나무주걱

반죽에 따라 고무주걱보다 나무주걱으로 섞어야 할 때가 있다. 애써 만들어놓은 거품을 꺼지지 않게 하면서 가루를 섞을 때는 나무주걱이 적합하다.

스패츌러

케이크에 생크림을 바를 때, 케이크를 옮길 때 사용한다. 크기와 종류가 다양한데, 길이가 긴 것은 케이크 표면을 매끄럽게 만들 때 쓰면 편리하다. 작은 것은 빵에 크림을 바르거나 음식을 서브할 때 사용해도 된다.

에키모아르

달걀 머랭의 거품이 꺼지지 않게 섞을 때 유용하도록 특수하게 고안된 반죽용 주걱. 고무주걱, 나무주걱과 함께 구비해두면 좋다.

얇은 스패츌러

시폰케이크를 틀에서 떼어낼 때 쓴다. 칼을 수직으로 세워서 잡고 케이크 틀 가장자리에 넣어 돌려가며 떼어내면 된다.

거품용 작은 볼

거품을 내거나 재료를 섞을 때 꼭 필요한 것이 볼이다.
달걀노른자처럼 적은 양의 재료를 거품 낼 때는 깊은 원
형 볼을 사용한다.

깊고 큰 볼

달걀흰자 거품을 낼 때 필요하다. 바닥이 둥글고 강한 재
질이라야 전동 거품기를 넣고 사용하기 편리하다.

작은 볼

재료가 여러 가지인 케이크를 만들
때 필요하다. 재료를 볼에 각각 나
눠 담아놓으면 한눈에 파악할 수
있어 혼동할 일이 없다. 적은 양의
재료를 담아두려면 플라스틱 컵이
유용하다.

스테인리스스틸 사각그릇

재료를 담을 때 쓴다. 몇 가지
종류를 동시에 준비해둘 때
유용하다.

슈거파우더 통

입자가 고운 슈거파우더는 주로 체
에 쳐서 뿌려 장식할 때 사용한다.
슈거파우더 통을 이용하면 편리한
데 구멍이 너무 작은 것보다는 중
간 크기가 좋다.

반죽기

반죽은 물론 머랭이나 생크림을
만들 때 유용한 베이킹 기계다.
가정용은 물론 제과점에서도 편
리하게 사용할 수 있다.

자

케이크를 재단할 때 필요하다.

온도계

케이크를 실패 없이 만들기 위해 필요
한 도구다. 달걀이나 초콜릿 등을 중탕
할 때, 온도를 높였다 낮췄다 하며 조리
하는 무스를 만들 때 정확한 온도 측정
은 필수. 150~200℃까지 잴 수 있는 온
도계를 준비한다.

전자저울

케이크를 제대로 만들기 위한 첫걸음이 바로 정확한 계
량이다. 이 책에서는 가루나 액체는 물론 달걀과 버터 등
모든 재료를 g 단위로 계량한다. 눈금 저울보다 1g까지
정확히 잴 수 있는 전자저울이 좋고, 그릇 무게를 빼고
잰다.

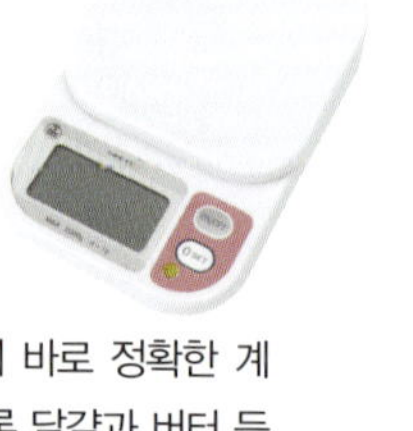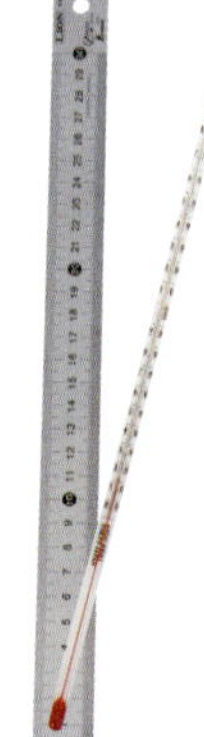

일회용 비닐 짤주머니

반죽, 크림, 소스 등을 모양 내어 짤 때 사용한다. 슈크림과 같이 달걀이 들어
간 반죽을 짤주머니에 넣어 사용하고 나면 완전히 씻어내기 어렵다. 이때는
일회용 비닐 짤주머니를 쓰는 것이 편리하다.

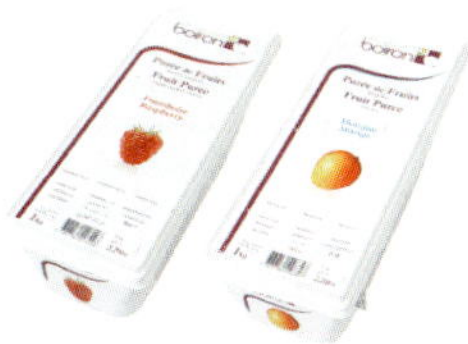

산딸기 퓌레. 망고 퓌레

산딸기를 으깨어 얼린 것으로 프람보아즈케이크나 무스에 사용한다. 망고를 으깨어 얼린 것으로 망고무스케이크에 빠지지 않는 재료다.

서양배 통조림

타르트나 무스케이크에 토핑하면 향긋한 과일 향을 느낄 수 있다. 서양배는 과육을 쓰거나 갈아서 퓌레로 만들어 쓴다. 제과제빵 재료상에서 구입할 수 있다.

냉동 산딸기

대표적인 냉동 과일로 산딸기케이크나 잼을 만들 때 쓴다. 색깔과 모양이 예뻐서 장식용으로도 자주 사용한다. 해동할 필요 없이 바로 사용한다.

유기농설탕

케이크와 디저트에 사용하는 설탕은 양이 적지 않다. 제맛을 내려면 사용량을 맘대로 줄일 수 없으므로 가능하면 정제하지 않은 유기농 설탕을 사용한다.

버터

달걀과 함께 케이크를 만들 때 없어서는 안 될 필수 재료다. 상온에 두었다가 사용할 경우, 미리 1cm 두께로 썰어 바트에 펼쳐놓아 준비하면 빨리 부드러워진다.

산딸기 리큐르 산딸기 맛과 향을 내는 술로 산딸기 무스 등에 들어간다.

칼바도스 사과를 증류해 만든 리큐르다.

다크 럼 럼은 사탕수수의 즙을 발효해 만든 것으로 설탕의 단맛과 달걀 비린내를 없애준다. 럼의 종류는 많지만 주로 일본 제품을 쓴다. 럼에 따라 케이크의 향이 크게 달라지므로 좋은 럼을 사용한다.

화이트 럼 럼은 케이크 종류에 따라 구별해 쓴다. 다크 럼은 굽는 케이크에, 화이트 럼은 굽지 않는 무스 케이크에 적합하다.

키르슈 생크림을 거품 낼 때 풍부한 향을 내는 리큐르의 한 종류다. 생크림뿐 아니라 다른 무스와 케이크에도 쓴다.

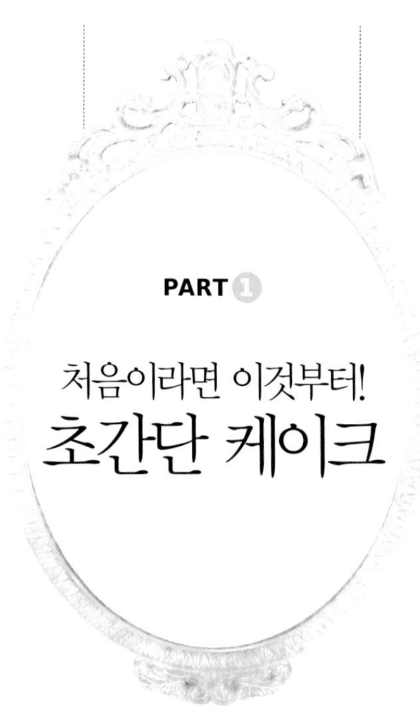

자주 해보지 않아서 케이크를 직접 만드는 것에 부담을 느끼는 분이 많을 거예요.
물론 재료나 과정이 복잡하고 까다로운 케이크가 꽤 있지요.
반면 비교적 간단하게 만들 수 있는 것도 있어요.
오븐 없이도 만들 수 있는 찐빵부터 익숙한 파운드케이크, 브라우니 정도면
기본 중의 기본이라 할 수 있지요. 그렇다고 대충 반죽해서 굽는,
아마추어 티가 팍팍 나는 것들이 아니랍니다. 꼭 필요한 조리 팁을 활용하면
괜찮은 케이크 만들기가 그리 어렵지 않아요.

예를 들면 이런 거예요. 찐빵만 해도 대나무 바구니에
반죽을 담아 찜통에 올리면 부드럽게 쪄지고, 그 흔한 채소파운드케이크도
채소를 미리 한번 볶아 넣으면 채소 특유의 단맛이 살아나요. 달기만 할 것 같은
브라우니 반죽에 오렌지필을 다져 넣으면 상큼한 맛이 더해진답니다.
만드는 방법은 수월해도 남다른 맛을 선사하기 위한 약간의 아이디어와
정성을 더한 레시피들이지요. 기본 케이크 하나라도 제대로 배우고 싶은 분들에게
꼭 맞춤한 친절한 가이드가 될 거예요. 베이킹이 처음이라면
이런 것부터 차근차근 도전해보세요.

애플 케이크

🍰 지름 18cm 파이 틀
1개분

🔥 180℃, 25분

사과 2개 — *사방 1cm 크기로 썬다.*
설탕 30g+5큰술
레몬즙 2큰술
달걀 2개
버터 60g — *녹인다.*
다크럼 60g
박력분 100g — *한데 섞어 체에 친다.*
베이킹파우더 1작은술
호두 ¼컵 — *구워서 1cm 크기로 썬다.*
슈거파우더 약간
시나몬파우더 약간

1 사과는 레몬즙과 설탕 30g에 절여두었다가 체에 밭쳐 물기를 뺀다. 버터는 녹인다.

2 볼에 달걀과 설탕 5큰술을 넣고 뜨거운 물을 받쳐 중탕해서 녹인다.

3 볼을 내리고 핸드믹서로 거품을 낸다. 거품이 충분히 뽀얗고 곱게 올라와야 한다.

4 밀가루와 베이킹파우더를 섞어 나눠 넣으며 나무주걱으로 섞는다.

5 가루가 다 섞이면 녹인 버터를 천천히 넣으며 섞고, 럼을 섞는다.

6 호두와 ①의 사과를 반씩 넣고 섞는다.

7 틀에 버터를 칠하고 반죽을 붓는다. 나머지 사과와 호두를 위에 얹는다.

8 슈거파우더와 시나몬파우더를 뿌려 180℃로 예열한 오븐에서 25분간 굽는다.

흑설탕 찐빵

오븐이 없어도 찜통만 있으면 누구나 만들 수 있는 찐빵이에요.
작은 대바구니에 종이포일을 깔고 반죽을 담아서 찜통에 넣고 쪄보세요. 김이 잘 올라 아주 잘 쪄진답니다.
찐빵은 찜통에서 갓 꺼냈을 때가 모양이 봉긋해서 예쁘고 맛도 좋아요.

🥣 지름 10cm 1개
🍲 김 오른 찜통에서
　　10분 이상

박력분 60g
흑설탕 60g
달걀 ½개
무가당연유 30g
샐러드유 25g
베이킹파우더 6g

미리 체에 친다.

* 흑설탕을 사용하지 않으면 설탕의 향과 풍미를 느낄 수 없다.

1 볼에 박력분과 흑설탕을 섞어 담고 달걀을 천천히 넣으며 거품기로 푼다.

2 무가당연유를 넣으며 섞고 랩을 덮어 30분간 상온에서 휴지한다.

3 샐러드유를 넣으며 계속 섞는다.

4 베이킹파우더를 넣어 고루 섞는다.

5 짤주머니에 반죽을 담는다.

6 바구니에 종이포일을 깔고 반죽을 짠다.

7 김이 오른 찜통에 넣고 10분간 찐다. 가운데를 꼬치로 찔러보아 반죽이 묻어나지 않으면 다 익은 것이다. 속까지 익었는지 확인하고 꺼낸다.

초코파운드케이크

🥮 18×7.5×6cm 사각 틀 1개분

🔲 160℃, 45분

사방 0.5cm 크기로 썬다.

다크초콜릿(A) 65g
밀크초콜릿 15g
다크초콜릿(B) 30g
버터 70g
슈거파우더 40g
달걀노른자 30g
달걀흰자 70g
설탕 40g
아몬드파우더 40g
박력분 45g

함께 체에 내린다.

1 볼에 다크초콜릿(A)을 담고 아래에 뜨거운 물을 받쳐 중탕해서 녹인다. 40℃ 정도로 유지한다.

2 다른 볼에 상온의 버터를 넣고 거품기로 부드럽게 풀고 슈거파우더를 4~5회에 나눠 넣으며 충분히 섞는다.

3 달걀노른자를 3회에 나눠 넣으며 섞는다.

4 미리 섞은 아몬드파우더와 밀가루를 넣고 섞는다.

5 ①의 초콜릿 녹인 것을 넣고 섞는다.

6 다른 볼에 달걀흰자와 설탕을 넣고 핸드믹서로 머랭을 만든다.

7 머랭의 ⅓을 ⑤에 넣고 주걱으로 한색이 되도록 고루 섞는다.

8 나머지 머랭을 넣고 거품이 꺼지지 않게 주걱을 세워 자르듯이 섞는다.

9 다크초콜릿(B)과 밀크초콜릿을 넣고 섞는다.

10 파운드케이크 틀에 종이를 깔고 반죽을 넣는다.

11 160℃로 예열한 오븐에서 45분간 굽는다. 꼬치로 찔러보아 반죽이 묻어나오지 않으면 다 익은 것이다.

12 오븐에서 꺼내어 바로 틀에서 빼서 식힌 다음 랩으로 싸서 보관한다.

채소파운드케이크

18×7.5×6cm 사각 틀
1개분

180℃, 35분

햄 50g
주키니호박 ¼개
파프리카 ¼개
아스파라거스 1줄기
달걀 120g
생크림 50g
식용유 50g
마요네즈 1큰술
박력분 100g
베이킹파우더 3g
에담치즈가루 25g
그뤼에르치즈가루 25g
소금·후춧가루 약간씩

사방 1cm
크기로 썬다.

반은
사방 1cm
크기로
썰고,
반은
길쭉하게
썬다.

밑동의
단단한 부분만
잘라낸다.

1 햄, 주키니호박, 파프리카, 아스파라거스는 각각 팬에 기름을 약간 두르고 소금을 약간씩 넣어 볶는다.

2 볼에 달걀과 생크림을 넣고 거품이 나지 않게 살살 섞는다.

3 기름을 조금씩 넣으며 섞고 마요네즈를 넣고 섞는다.

4 가루를 2~3회에 나눠 넣으며 섞는다. 소금, 후춧가루를 넣는다.

5 사방 1cm 크기로 썬 햄과 채소를 섞고 치즈가루를 일부 넣어 섞는다.

6 파운드케이크 틀에 종이를 깔고 반죽을 붓고 윗면에 길게 썬 아스파라거스, 파프리카를 얹는다.

7 남은 치즈가루를 뿌려 180℃로 예열한 오븐에서 35분간 굽는다.

오리지널 브라우니와
브라우니아이스크림

달콤하고 진한 초콜릿에 상큼한 오렌지필과 고소한 호두를 넣으면 한결 풍부한 맛을 낼 수 있어요.
다진 오렌지필은 한곳에 뭉치지 않도록 골고루 섞으세요.
초콜릿은 빨리 녹인다고 직접 가열하면 탈 수 있으니 반드시 중탕해서 녹이세요.
브라우니를 미리 만들어 냉동 보관했다가 먹기 직전에 해동해 아이스크림과 곁들여보세요.
간단하지만 멋진 디저트가 됩니다.

18×18cm 사각 틀
1개분

180℃, 15분

달걀 100g
황설탕 30g
우유 50g
버터 50g
밀크초콜릿 100g
박력분 50g
베이킹파우더 1g
호두 50g
오렌지필 20g
장식용 호두 3개

실온에 꺼내둔다.

잘게 다진다.

한데 섞어 체에 친다.

잘게 다진다.

구워서 1cm 크기로 잘게 썬다.
장식용 호두도 같은 크기로 썬다.

〈브라우니아이스크림〉
아이스크림·초코시럽·
딸기 적당량씩

1 볼에 밀크초콜릿과 버터를 담아 중탕해서 녹인다.

2 다른 볼에 달걀과 설탕을 넣고 핸드믹서로 섞는다.

3 거품이 뽀얗게 올라오도록 충분히 거품을 낸다.

4 우유를 2회에 나눠 넣으며 거품기로 고루 섞는다.

5 ①의 버터와 초콜릿
녹인 것을 조금씩 부으며
섞는다.

6 체에 내린 박력분과
베이킹파우더를 3~4회
나눠 넣으며 섞는다.

7 가루가 안 보일 정도가
되면 호두와 오렌지필을
넣고 가볍게 섞는다.

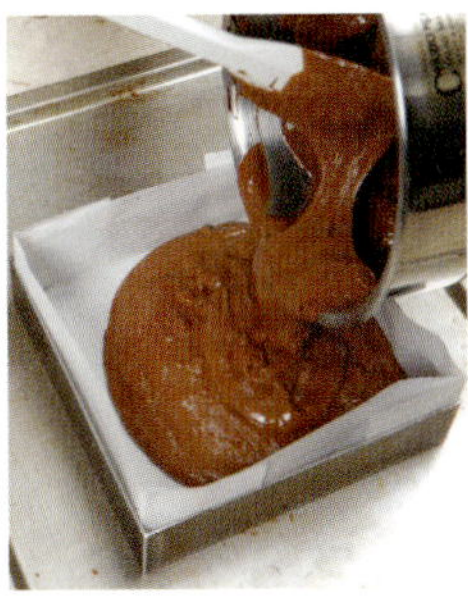

8 틀에 종이를 깔고
반죽을 약 3cm 두께로
붓는다.

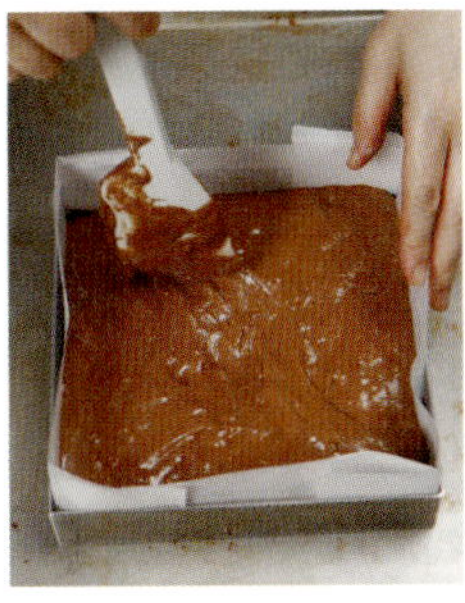

9 틀 가장자리 끝까지
반죽을 고루 펼친다.

10 장식용 호두를
얹어 180℃로 예열한
오븐에서 15분간 굽는다.
완전히 식힌 다음 종이를
벗겨내고 자른다.

브라우니아이스크림

브라우니를 정사각형으로
자르고 딸기, 아이스크림,
초코시럽을 더해 파르페처럼
담아낸다.

떠 먹는 초코브라우니

6개분

170℃, 11분

버터 60g
달걀노른자 45g
설탕 44g
달걀흰자 45g
설탕 23g
강력분 15g
박력분 15g
다크초콜릿 115g
바닐라에센스 3방울
건포도(다크럼에 절인 것)
6개(1개 분량)
코팅용 초콜릿 30g

실온에 두어 부드럽게 한다.

한데 섞어 체에 내린다.

40℃에서 중탕해서 녹인다.

1 볼에 버터를 담고 설탕 44g을 5회에 나눠 넣어 섞는다. 거품기로 충분히 섞으면서 공기가 많이 들어가지 않도록 주의한다.

2 ①에 달걀노른자를 3회에 나눠 넣고 섞는다.

3 다른 볼에 달걀흰자와 설탕 23g을 넣어 머랭을 만든다. 설탕 분량의 ⅓을 먼저 넣고 거품을 내다가 남은 설탕을 나눠 넣고 거품을 낸다.

4 ②의 볼에 머랭을 한 번 떠 넣어 섞은 다음 남은 머랭을 넣고 나무주걱으로 재빨리 섞는다.

5 체에 내린 가루를 3회에 나눠 넣고 섞는다.

6 녹인 초콜릿과 바닐라에센스를 넣어 섞는다. 초콜릿 온도가 높으면 머랭이 꺼진다.

7 틀에 건포도를 넣고 짤주머니에 ⑥의 반죽을 담아 짠다.

8 170℃로 예열한 오븐에서 11분간 굽는다. 마지막에 코팅용 초콜릿으로 장식한다.

팽 드 젠

'이탈리아 제노바풍'이라는 의미로 제노바가 프랑스령이었을 때 생겨난 케이크예요.
스펀지케이크에 아몬드파우더와 아몬드슬라이스를 넣어 고소한 맛이 풍부해요.
설탕, 버터, 머랭, 콘스타치와 아몬드파우더를 한 번에 넣지 말고 나누어 넣어가며 반죽하세요.

지름 18cm 원형 틀
1개분

170℃, 30분

달걀 50g
달걀노른자 20g
달걀흰자 35g
설탕 55g
콘스타치 30g
아몬드파우더 40g
버터 30g
다크럼 15g
아몬드슬라이스 약간

한데 섞어
체에 내린다.

1 틀 안쪽에 버터를
충분히 칠한다.

2 아몬드슬라이스를 한 겹으로 뿌려 냉장고에 차게
넣어둔다.

3 작은 그릇에 버터를
담아 40℃로 데운다.

4 볼에 달걀,
달걀노른자를 넣고,
설탕을 일부 넣어 충분히
거품을 낸다.

5 다른 볼에 달걀흰자를
담고 남은 설탕을 조금
넣어 거품을 낸다.

6 설탕을 3회에 나눠 넣으며 거품을 내어 머랭을 만든다. 흰자의 양이 적으므로 핸드믹서에 비타를 하나만 꽂아서 쓴다.

7 ⑥의 머랭을 ④에 3회에 나눠 넣으며 나무주걱으로 섞는다.

8 콘스탄치와 아몬드파우더 섞은 것을 3회에 나눠 넣으며 섞는다.

9 ③의 녹인 버터를 3회에 나눠 넣으며 섞는다.

10 다크럼을 넣고 섞는다.

11 준비한 틀에 반죽을 붓는다.

12 윗면을 가지런히 하여 170℃로 예열한 오븐에서 30분간 굽는다.

헤이즐넛 토르테

🥮 지름 18cm 원형 틀
1개분

170℃, 20분

검은깨와 흰깨 섞어서 30g
구운 헤이즐넛 68g
헤이즐넛프랄린 20g
달걀 90g
설탕 30g
아몬드파우더 20g
박력분 20g
샐러드유 20g
바닐라에센스 약간

*잘게 다진다.

1 틀 안쪽에 버터를 바르고 분량의 깨를 조금 덜어내어 고루 뿌린다.

2 볼에 달걀과 설탕을 넣어 핸드믹서로 거품을 낸다. 뽀얗고 곱게 일어나도록 충분히 거품을 낸다.

3 아몬드파우더를 2회에 나눠 넣으며 섞는다.

4 가루가 다 섞이기 전에 박력분을 2회에 나눠 넣는다.

5 박력분이 다 섞이기 전에 깨와 다진 헤이즐넛을 2회에 나눠 넣고 섞는다.

6 작은 볼에 헤이즐넛프랄린을 담고 ⑤의 반죽을 조금 덜어 넣어 고루 섞는다. 헤이즐넛프랄린은 덩어리지기 때문에 미리 반죽과 섞어 넣어야 한다.

7 ⑥을 ⑤에 넣어 섞는다.

8 샐러드유를 3~4회에 나눠 넣으며 섞는다.

9 바닐라에센스를 3~4방울 넣는다.

10 ①의 틀에 반죽을 부어 170℃로 예열한 오븐에서 20분간 굽는다.

컵케이크

아이들이 좋아할 만한 케이크죠. 반죽할 때 달걀을 한 번에 넣으면 분리될 수 있으니 조금씩 나눠 넣으세요.
오븐에 굽는 과정에서 부풀어 오르므로 반죽은 컵의 ⅔ 높이까지만 채운다는 점도 잊지 마시고요.

7개분

170℃, 25분

박력분 170g
베이킹파우더 1큰술 — 함께 섞어 체에 친다.
코코아파우더 30g
버터 200g
설탕 200g
달걀 200g
초콜릿 80g — 잘게 자른다.
호두 20g
화이트초콜릿 약간 — 필러로 약간만 간다.

〈아이싱 크림〉
생크림 230g — 80% 정도 거품을 낸다.
다크초콜릿 80g — 중탕해서 녹인다.

1 볼에 버터를 부드럽게 풀고 설탕을 6~7회에 나눠 넣으며 녹을 때까지 섞는다.

2 달걀을 조금씩 나눠 넣으며 주걱으로 섞는다. 한 번에 다 넣으면 분리될 수 있다.

3 함께 체에 친 가루를 조금씩 넣으며 주걱으로 섞는다.

4 ③에 초콜릿, 호두를 넣고 함께 섞는다.

5 짤주머니에 반죽을 넣는다.

6 컵케이크 틀에 종이 틀을 올리고 반죽을 틀의 ⅔ 정도 채워 170℃로 예열한 오븐에서 25분간 굽는다.

7 식힘망에 올려 식힌다.

8 거품 낸 생크림과 녹인 초콜릿을 섞어 크림을 만든다. 짤주머니에 원형 깍지를 끼우고 크림을 담아 컵케이크 위에 동그랗게 짜 올린다.

9 컵케이크 위에 화이트초콜릿을 필러로 갈아 얹는다.

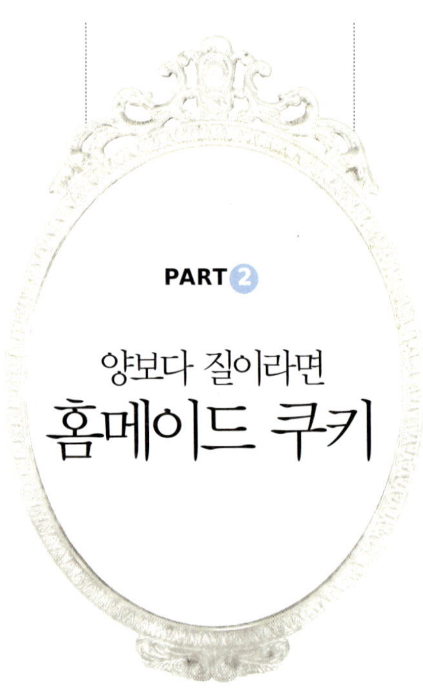

양보다 질이라면
홈메이드 쿠키

식품첨가물이 들어간 과자가 얼마나 해로운지 책이나 뉴스를 통해 많이 접하시죠?
그렇다고 아이에게 아예 못 먹게 하자니 그 달콤한 유혹을 쉬 뿌리치기도 쉽지 않고요.
과자를 손수 만들어주세요. 달달한 것부터 고소하고 담백한 것, 단단한 것부터
부드러운 것까지 종류는 많지 않아도 다양한 맛과 식감을
두루 경험할 수 있는 것들로 뽑았습니다.

이름이 생소한 것이라도 쿠키의 특징을 정확히 알고 만들면
제맛을 낼 수 있어요. 단단한 것이 특징인 비스코티는 글루텐이 강한 프랑스밀가루로 반죽하고,
두 번째 구울 때 온도를 낮추면 타지 않으면서 특유의 바삭함을 살릴 수 있어요.
마들렌은 버터를 중탕하지 않고 직접 끓여 넣고, 머랭코코나 산딸기갈레트는 머랭을 얹어
구워야 하니 거품을 최대한 단단하게 내고, 견과류는 오븐에 구워서 사용하면 훨씬 고소하지요.
평범해 보이는 조리법에 오랜 시간 경험을 통해 터득한 크고 작은 노하우가 더해져
기대 이상의 맛을 만드는 비결이 될 거예요.

진저시나몬쿠키

흑설탕을 많이 넣기 때문에 설탕이 뭉치지 않도록 골고루 섞어야 해요.
냉장고에 넣었던 반죽이 물컹거리면 모양을 잡을 수 없어요.
다시 냉장고에 넣어 굳힌 다음 밀대로 밀어 자르세요.

160℃, 20분

다진 생강 1작은술
현미플레이크시리얼 120g
버터 140g
흑설탕 160g　　　실온 상태로 준비한다.
달걀노른자 60g
꿀 30g
박력분 240g
베이킹파우더 1작은술
덧가루용 밀가루 약간

함께 섞어 체에 내린다.

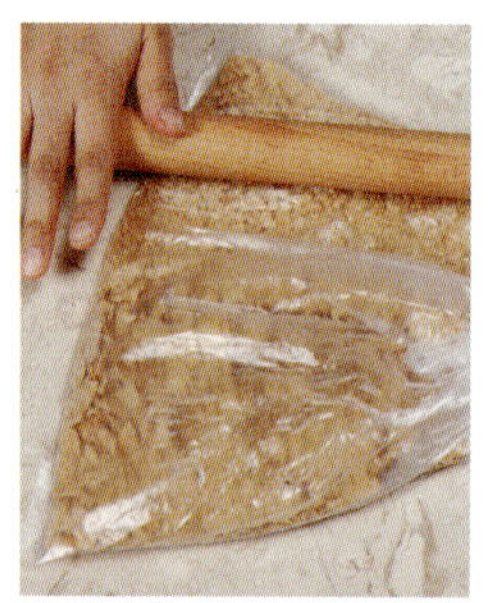

1 비닐봉지에 현미플레이크를 넣고 방망이로 밀어 곱게 으깬다.

2 볼에 버터를 담고 나무주걱으로 부드럽게 푼다.

3 버터에 흑설탕을 3회에 나눠 넣는다. 흑설탕은 덩어리가 없도록 잘 풀어 넣고 뭉치지 않도록 주걱으로 잘 섞는다.

4 ③에 꿀을 조금씩 부으며 완전히 섞는다.

5 달걀노른자를 풀어 조금씩 부으며 완전히 섞는다.

6 곱게 다진 생강을 넣고 섞는다.

7 체에 내린 박력분,
베이킹파우더를 3회에
나눠 넣으며 주걱으로
자르듯이 계속 섞는다.

8 가루가 다 섞이기 전에
으깬 현미플레이크를
2회에 나눠 넣는다.

9 바트에 랩을 깐다.

10 반죽을 쏟아 고루
펼친다.

11 랩을 씌워 냉장고에서
30분 이상 휴지한다.

12 작업대에 덧가루를
뿌리고 ⑪을 꺼내놓고
밀대로 두들겨 펼친다.

13 중간에 덧가루를 뿌리며 반죽을 0.5cm 두께로 민다.
반죽이 녹아서 물컹거리면 다시 냉장고에 넣어 굳힌
다음 민다.

14 여분의 덧가루를
붓으로 털어낸다.

15 직사각형으로 썬다.

16 오븐팬에 유산지를
깔고 반죽을 적당히
간격을 두고 놓은 다음
포크로 구멍을 낸다.

17 160℃로 예열한
오븐에서 20분간 굽는다.

크림치즈부슈

🥟 10~12개분

🔥 170℃, 13분

크림치즈 180g
쇼트닝 270g
달걀흰자 175g
설탕 116g
분말흰자 10g
달걀노른자 116g
물엿 5g
박력분 75g
콘스타치 15g
아몬드파우더 90g
슈거파우더 약간

한데
섞어
체에
내린다.

1 볼에 쇼트닝을 담고 중탕해서 녹인다.

2 다른 볼에 크림치즈를 넣고 거품기로 부드럽게 푼다.

3 ②에 쇼트닝을 넣고 거품기로 섞은 다음 냉장고에 넣어 차갑게 굳힌다.

4 머랭을 만든다. 볼에 달걀흰자, 분말흰자를 넣고 설탕을 3회에 나눠 넣으며 거품을 낸다.

5 작은 볼에 달걀노른자와 물엿을 넣고 거품기로 뽀얗게 거품이 나도록 섞는다.

6 ④의 머랭에 ⑤를 넣고 섞는다.

7 함께 체에 내린 박력분, 콘스타치, 아몬드파우더를 4~5회에 나눠 넣으며 주걱으로 자르듯이 섞는다.

8 짤주머니에 원형 깍지를 끼우고 반죽을 넣는다. 오븐팬에 실리콘페이퍼를 깔고 반죽을 5~6cm 높이로 볼륨 있게 짠다.

9 반죽 위에 슈거파우더를 뿌려 3~4분 둔다.

10 다시 한번 슈거파우더를 뿌려 170℃로 예열한 오븐에서 13분 정도 굽는다.

11 구워낸 과자를 완전히 식힌 다음 ③의 크림을 발라 2개씩 겹친다.

러시안쿠키블랙

🔲 170℃, 15~20분

다크초콜릿 50g — 0.5cm 크기로 썬다.
헤이즐넛 40g — 구워서 잘게 썬다.
강력분 50g
박력분 50g — 한데 섞어 체에 내린다.
시나몬파우더 1g
코코아파우더 16g
바닐라에센스 4방울
슈거파우더 30g
버터 100g — 실온 상태로 둔다.

1 볼에 버터를 담고 거품기로 부드럽게 푼다.

2 슈거파우더를 조금씩 3~4회에 나눠 넣으며 섞는다.

3 바닐라에센스를 넣고 섞는다.

4 볼에 강력분, 박력분, 시나몬파우더, 코코아파우더를 섞어 3회에 나눠 넣으며 섞는다.

5 초콜릿과 헤이즐넛을 넣고 섞는다.

6 오븐팬에 실리콘페이퍼를 깔고 반죽을 동그랗게 빚어 올리고 170℃로 예열한 오븐에서 15분간 굽는다.

7 볼에 슈거파우더를 담고 오븐에서 쿠키를 꺼내어 뜨거울 때 굴려 망에 꺼내놓는다. 볼을 흔들면 쿠키가 깨지므로 살살 굴린다.

8 체에 슈거파우더를 담아 다시 한번 듬뿍 뿌린다.

비스코티

비스코티는 수분이 적어 단단하고 바삭한 맛이 매력이죠.
버터는 적게 넣지만 아몬드파우더와 통아몬드를 넣어 고소한 맛을 살렸어요.
썰 때 부서지지 않도록 적정한 두께를 유지하고, 두 번째 구울 때는 처음보다 온도를 낮춰 타지 않도록 하세요.

두께 1.5cm 8~10개

170℃, 30분
150℃, 30분

프랑스밀가루 125g
베이킹파우더 2g
아몬드파우더 60g
흑설탕 70g
버터 2g
달걀 60g
소금 1g
오렌지필 25g
껍질 있는 통아몬드 75g
헤이즐넛 25g

한데 섞어 체에 내린다.

잘게 다진다.

160℃ 오븐에서 갈색이 나도록 굽는다.

1 푸드프로세서에 버터와 체에 내린 밀가루, 아몬드파우더, 베이킹파우더, 흑설탕을 넣고 갈아 볼에 옮겨 담는다.

2 ①에 소금과 달걀을 풀어 넣는다.

3 핸드믹서를 이용해 한 덩어리가 되도록 섞는다.

4 손으로 치대다가 아몬드와 헤이즐넛을 넣어 반죽한다.

5 반죽을 작업대에 놓고 타원형으로 만든다.

6 ⑤를 170℃로 예열한 오븐에서 30분간 굽는다.

7 오븐에서 꺼내 뜨거울 때 1cm 두께로 썬다.

8 이것을 다시 철판 위에 놓고 150℃로 예열한 오븐에서 30분간 굽는다.

머랭코코

솜사탕처럼 달콤한 머랭코코. 색소를 약간 넣으면 한결 고급스러워 선물용으로도 그만이에요.
조리 포인트는 충분한 거품 내기.
거품 상태가 원하는 색보다 조금 진해야 구웠을 때 알맞은 색깔을 낼 수 있어요.

🔲 100℃, 1시간~1시간 30분

달걀흰자 45g
설탕 40g
분말흰자 1.5g
코코넛파우더 25g
슈거파우더 40g ⟩ 한데 섞어 체에 내린다.
분홍·파랑 색소 약간씩

* 보관할 때는 비닐에
머랭코코를 넣고 방습제를 넣어
공기가 통하지 않도록 보관한다.

1 볼에 달걀흰자를 담고 분홍 색소를 꼬치로 살짝 찍어 볼의 옆면에 묻힌다.

2 ①에 설탕, 분말흰자를 넣고 핸드믹서로 거품을 낸다. 색이 고루 퍼지도록 볼을 기울이고 돌린다.

3 거품이 어느 정도 오르면 볼을 바로 놓고 5분간 거품을 낸다. 원하는 색보다 조금 진해야 구운 후 원하는 색이 난다.

4 체에 내린 코코넛파우더, 슈거파우더를 넣고 주걱으로 자르듯이 섞는다.

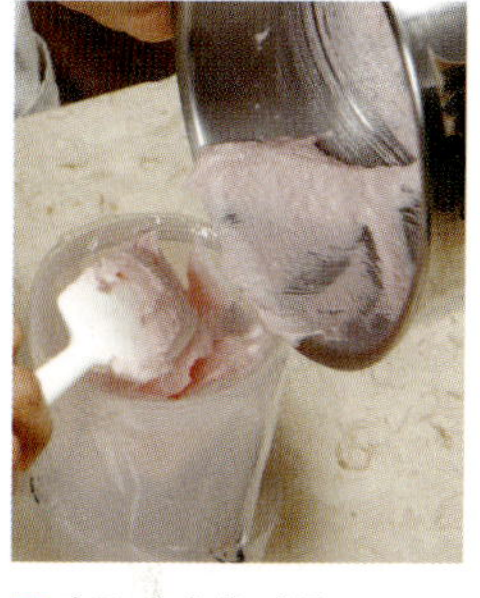

5 짤주머니에 지름 1cm 원형 깍지를 끼우고 반죽을 넣는다.

6 오븐팬에 실리콘페이퍼를 깔고 반죽을 고깔 모양으로 짠다.

7 코코넛파우더를 약간씩 뿌려 100℃로 예열한 오븐에서 1시간~1시간 30분 동안 굽는다.

8 푸른색 머랭코코도 같은 방법으로 만든다.

산딸기 마들렌

마들렌은 버터를 끓여 넣는 것이 포인트예요.
또 마른 산딸기를 반죽에 섞어 바로 굽지 않아요.
반나절 정도 두었다 구워야 산딸기가 한결 부드럽기 때문이에요.
반죽을 나누어 한쪽에는 산딸기를 넣지 않고 구우면 한 번에 두 가지 맛을 즐길 수 있답니다.

🥧 10개분

▦ 190℃, 10분

마른 산딸기 15g
로즈플레이버 5g
설탕 60g
트리몰린 10g
달걀 10g
박력분 65g
베이킹파우더 2g
우유 10g
버터 65g

장미향 나는 향료의 종류

함께 체에 내린다.

1 작은 냄비에 버터를 담아 갈색이 되도록 끓인다.

2 볼에 달걀과 설탕, 트리몰린을 넣고 거품기로 잘 섞는다.

3 체에 내린 박력분과 베이킹파우더를 조금씩 넣으며 섞는다.

4 우유를 넣으며 섞는다.

5 ①의 버터 녹인 것을 조금씩 넣으며 섞는다. 버터의 온도는 40℃ 정도가 적당하다. 온도가 너무 높으면 잘 부풀지 않는다.

6 마른 산딸기를 넣고 섞은 다음 랩을 씌워 반나절 정도 둔다.

7 마들렌 틀에 붓으로
버터를 고루 바르고
밀가루를 고운체에 담아
고루 뿌린다.

8 바닥에 거꾸로 탁 쳐서
여분의 가루를 털어낸다.

9 반죽에 로즈플레이버를
섞어 틀에 약간 모자란
정도로 채운다. ⑥에서
산딸기를 넣지 않은 반죽을
덜어놓으면 기본 마들렌을
함께 만들 수 있다.

10 190℃로 예열한
오븐에서 10분간 구워
꺼내어 식힌다.

산딸기갈레트

6~8개분

170℃, 15분
180℃, 15분

〈사브레 생지〉

버터 120g
실온에 둔다. 슈거파우더 120g
달걀 60g
달걀노른자 20g
박력분 100g
한데 섞어 코코아파우더 20g
체에 친다. 베이킹파우더 ½작은술
아몬드파우더 50g
소금 ¼작은술
장식용 슈거파우더 약간

〈머랭〉

차갑게 둔다. 달걀흰자 80g
설탕 20g
손으로 아몬드파우더 60g
비벼 섞어서 슈거파우더 40g
체에 친다.

산딸기잼 80g
냉동 산딸기 적당량

1 볼에 버터를 담고 소금을 넣어 나무주걱으로 푼다.

2 슈거파우더를 몇 번에 나눠 넣으며 충분히 섞는다.

3 달걀을 풀어서 몇 번에 나눠 넣으며 섞는다.

4 ③에 체에 친 박력분, 코코아파우더, 베이킹파우더를 3회에 나눠 넣으며 잘 섞는다.

5 아몬드파우더를 넣으며
섞는다.

6 ⑤를 짤주머니에
담는다.

7 납작한 링 틀의 안쪽에
버터를 칠하고 틀에 반
정도 차도록 생지를 짠다.
170℃로 예열한 오븐에서
15분 정도 굽는다.

8 ⑦이 다 구워지면
식힘망에 올려 식힌 다음
산딸기잼을 얇게 바른다.

9 머랭을 만든다. 볼에
달걀흰자를 넣고 설탕을
넣어 핸드믹서로 거품을
단단히 낸다.

10 아몬드파우더와
슈거파우더 섞은 것을
3~4회에 나눠 넣으면서
주걱으로 섞는다.

11 ⑩을 짤주머니에 담아
⑧ 위에 동그랗게 짠다.

12 냉동 산딸기를
3개씩 올리고 180℃로
예열한 오븐에서 15분
정도 굽는다.

13 오븐에서 꺼내서
식힘망에 얹어 식힌 후
슈거파우더를 뿌린다.

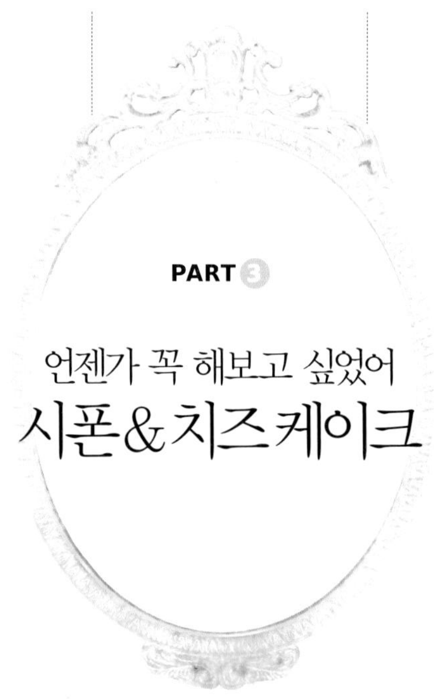

언젠가 꼭 해보고 싶었어
시폰&치즈케이크

폭신폭신한 시폰케이크와 촉촉하고 진한 치즈 맛이 감도는 치즈케이크.
평범한 스펀지케이크에 데커레이션하는 케이크와는 왠지 격이 달라 보이죠.
만드는 방법과 재료도 조금 다르답니다.

시폰케이크는 폭신폭신한 탄력감을 살리는 것이 관건이에요.
박력분이 아닌 강력분과 베이킹파우더를 섞어 넣고, 달걀흰자 거품을 최대한 단단히 내서 그 힘으로
볼륨감 있게 부풀게 합니다. 치즈케이크는 오븐에 뜨거운 물을 부어 중탕으로 구워야 윗면이
갈라지지 않는다는 점을 기억하세요. 시폰케이크 시트와 치즈케이크 굽는 기본 방법과 원칙을
정확히 안 다음에는 재료에 따라 맛과 데커레이션에 변화를 주면 됩니다. 물론 말처럼
아주 쉽다고는 할 수 없어요. 하지만 꼼꼼하게 한 가지를 배워서 열 가지로
변주할 수 있으니 쏟은 시간과 정성만큼 충분히 보람을 느낄 수 있을 거예요.

FOR THE FINE
LAWLEYS
TEA

홍차시폰케이크

 지름 18cm 시폰 틀
1개분

170℃, 20~30분

얼그레이홍차 9g
우유 160g
달걀노른자 60g
흑설탕 30g
포도씨유 40g
탈지분유 9g
바닐라에센스 8방울
달걀흰자 120g
설탕 50g
얼그레이홍찻가루 3g
강력분 70g
베이킹파우더 1g

한데 섞어 체에 내린다.

〈아이싱〉
생크림 350g
설탕 50g

섞어서 구운 케이크에 아이싱한다.

tip

홍차아이싱 만들기

우유에 홍차를 넣고 80℃로 데워 3~5분간 두었다가 체에 거른다. 60g을 덜어 볼에 담고 밀크초콜릿 80g을 넣어 녹인다. 초콜릿이 다 녹으면 얼음물에 담가 20℃까지 온도를 내린 다음 바닐라에센스 2방울을 넣어 섞는다. 80% 정도 거품을 낸 생크림과 섞어 시폰케이크에 아이싱을 한다.

1 냄비에 홍차와 우유를 넣고 끓기 전까지 데운 다음 뚜껑을 덮어 3~5분간 우린다. 오래 두면 홍차가 수분을 많이 흡수하므로 5분 이상 두지 않는다.

2 체에 걸러 식힌 다음 45g을 사용한다.

3 볼에 달걀노른자, 흑설탕을 넣고 핸드믹서로 충분히 거품을 낸다.

4 거품이 뽀얗게 올라오면 포도씨유를 조금씩 부으면서 저속으로 섞는다.

5 탈지분유를 넣고 계속 돌린다.

6 ②의 홍차 우린 것을 넣으며 계속 핸드믹서로 섞는다.

7 바닐라에센스를 넣고 섞는다.

8 머랭을 만든다. 볼에 달걀흰자를 넣고 설탕을 약간만 넣어 거품을 내기 시작한다.

9 거품이 하얗게 올라오면 나머지 설탕을 2회에 나눠 넣으면서 거품을 단단하게 올린다. 시폰케이크는 거품을 충분히 단단하게 내야 그 힘으로 부푼다.

10 머랭을 한 주걱 떠서 ⑦의 볼에 넣고 덩어리가 없게 섞는다.

11 ⑩을 ⑨의 머랭 볼에 붓는다.

12 거품이 꺼지지 않게 머랭과 노른자 반죽이 반 정도 섞이도록 잘 섞는다.

13 강력분, 베이킹파우더, 홍찻가루 섞은 것을 3~4회 나눠 넣으며 섞는다.

14 머랭 덩어리가 없고 가루가 고루 섞일 때까지 천천히 섞는다.

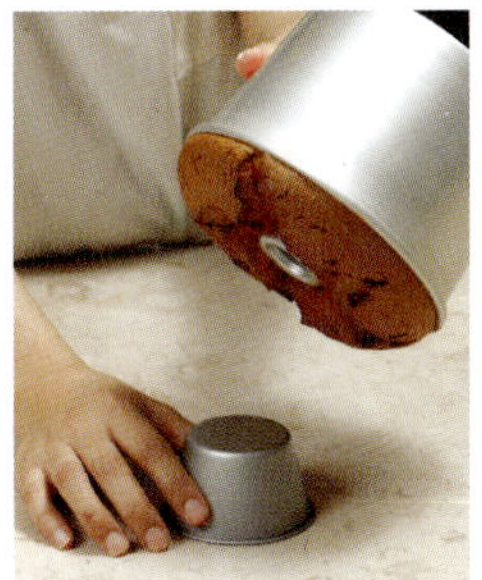

15 시폰 틀에 반죽을 붓는다.

16 윗면을 편평하게 주걱으로 다듬어 170℃로 예열한 오븐에서 20~30분간 굽는다.

17 다 구워지면 오븐에서 꺼내 즉시 뒤집어 세워놓은 상태로 완전히 식힌다. 완전히 식지 않은 상태에서 떼어내면 모양이 흐트러진다.

18 얇은 스패출러로 가장자리와 가운데, 바닥을 도려내듯 긁어서 틀에서 떼어낸다.

오렌지시폰케이크

포도씨유에 오렌지주스를 넣으면 잘 섞이지 않고 분리될 수 있으니 반드시 핸드믹서를 사용하세요.
오렌지주스만으로 부족한 향은 오렌지콤파운드와 오렌지리큐르를 넣어 보완합니다.
케이크 윗면을 편평하게 잘라낸 뒤 아이싱하면 한결 깔끔하답니다.

지름 18cm 시폰 틀
1개분

170℃, 30분

오렌지주스 40g
오렌지콤파운드 15g
오렌지리큐르(쿠엥트로) 9g
달걀노른자 60g
설탕 30g
포도씨유 40g
탈지분유 5g
강력분 72g
베이킹파우더 2g

한데 섞어 체에 내린다.

〈머랭〉
달걀흰자 120g
설탕 50g

〈아이싱 생크림〉
생크림 200g
설탕 20g
오렌지리큐르 3g
오렌지초콜릿 약간

섞어서 부드럽게 거품 낸다.

잘게 잘라 중탕해서 녹인다.

1 작은 볼에 달걀노른자, 설탕을 넣고 핸드믹서로 충분히 거품을 낸다.

2 포도씨유를 3~4회에 나눠 넣으며 계속 핸드믹서로 섞는다.

3 탈지분유를 넣고 섞는다.

4 오렌지주스를 3~4회 나눠 넣으며 천천히 섞는다. 오렌지주스와 같은 수분을 넣을 때 잘 섞이지 않으면 분리되므로 충분히 섞는다.

5 오렌지콤파운드를 넣고 잘 섞는다. 케이크에 향을 내주므로 반드시 넣는다.

6 오렌지리큐르를 넣고 섞는다.

7 머랭을 만든다. 볼에 달걀흰자를 넣고 설탕을 반만 넣어 거품을 낸다.

8 거품이 하얗게 올라오면 나머지 설탕을 넣고 핸드믹서를 고속으로 돌려 끈기 있고 단단한 머랭을 만든다.

9 머랭을 한 주걱 떠서 ⑥에 넣고 섞는다.

10 ⑨를 ⑧의 머랭에 한꺼번에 붓고 주걱으로 섞는다.

11 머랭 덩어리가 보이지 않을 정도로 섞는다.

12 머랭이 반 정도 섞이면 강력분과 베이킹파우더 섞은 것을 3회에 나눠 넣으며 덩어리 없이 가루가 보이지 않을 때까지 섞는다.

13 시폰 틀에 붓고 윗면을 평평하게 주걱으로 다듬어 170℃로 예열한 오븐에서 30분간 굽는다.

14 다 구워지면 오븐에서 꺼내 즉시 뒤집어 세워놓은 상태로 완전히 식힌 다음 틀에서 떼어낸다. 완전히 식지 않은 상태에서 떼어내면 모양이 흐트러진다.

15 ⑭까지 만들어 그대로 먹어도 되고, 아이싱을 할 수도 있다. 윗면을 칼로 평평하게 잘라낸다.

16 다시 뒤집어서 케이크 돌림판에 올리고 윗면부터 거품 낸 생크림을 바른다. 아이싱 생크림은 분량대로 재료를 섞어 부드럽게 거품을 내어 쓴다.

17 옆면과 안쪽까지 꼼꼼하게 바르고 매끈하게 정리한다.

18 오렌지초콜릿을 잘게 잘라 중탕해서 녹인 다음 스패츌러로 군데군데 찍는다.

바나나
시폰케이크

지름 18cm 시폰 틀
1개분

170℃, 30분

바나나 100g
바나나크림리큐르 20g
바닐라에센스 7방울
레몬즙 3g
달걀노른자 60g
설탕 30g
호두오일 35g
탈지분유 6g
강력분 65g
베이킹파우더 2g

한데
섞어둔다.

섞어 체에 내린다.

〈머랭〉
달걀흰자 110g
설탕 50g

1 볼에 바나나를 담고
포크로 으깬다.

2 레몬즙을 섞는다. 레몬즙을 넣으면 바나나 색깔이
변하지 않는다.

3 다른 볼에 달걀노른자,
설탕을 넣고 핸드믹서로
거품을 낸다.

4 호두오일을 3~4회에
나눠 부으면서 섞는다.

5 탈지분유를 넣고
섞는다.

6 ②의 바나나 으깬 것을
넣고 핸드믹서로 계속
섞는다.

7 바나나크림리큐르와 바닐라에센스 섞은 것을 넣는다.

8 머랭을 만든다. 볼에 흰자를 넣고 설탕을 2회에 나눠 넣으면서 끈기 있고 단단하게 만든다.

9 머랭 한 주걱을 떠서 ⑦에 넣고 덩어리 없게 섞는다.

10 머랭 볼에 ⑨를 다시 붓고 주걱으로 섞는다.

11 머랭이 반 정도 섞이면 강력분과 베이킹파우더 섞은 것을 3회에 나눠 넣으며 덩어리가 없을 때까지 섞는다.

12 시폰 틀에 붓고 윗면을 평평하게 주걱으로 다듬어 170℃로 예열한 오븐에서 30분간 굽는다.

13 다 구워지면 오븐에서 꺼내 즉시 뒤집어 세워놓은 상태로 완전히 식힌 다음 틀의 가장자리를 얇은 스패츌러를 이용해 떼어낸다.

14 가운데 기둥 부분도 스패츌러를 이용해 분리한다.

15 바닥 부분도 스패츌러로 틀과 케이크를 분리한다.

16 뒤집어서 틀을 가만히 빼낸다.

유자치즈케이크

🥧 18×18cm 사각 틀
1개분

🔲 150℃, 40분

사각형 제누아즈 1장
플레인요구르트 400g
버터 20g　　← 실온에 둔다.
크림치즈 280g
사워크림 20g
설탕 75g
달걀 110g
박력분 20g
유자즙 1개분
유자제스트 1개분

제누아즈(92p 참조)를 만들어 1cm 두께로 자른다.

키디에 가볍게 간다.

1 플레인요구르트를 전날 키친타월에 담아 체에 받쳐 냉장고에 넣어둔다. 또는 한번 냉동했다 사용하면 수분이 잘 분리된다.

2 ①을 정확히 160g을 계량해 볼에 담는다.

3 다른 볼에 크림치즈를 넣고 거품기로 부드럽게 푼다.

4 ③에 실온에 두었던 버터를 넣고 섞는다. 사워크림을 넣고 섞는다.

5 ④에 ②의 플레인요구르트를 넣고 섞는다.

6 설탕을 조금씩 넣어가며 섞는다.

7 달걀을 조금씩 넣어가며 섞는다.

8 박력분을 조금씩 넣어가며 섞는다. 이 단계에서 고운망에 한번 거르면 좋다.

9 유자즙을 섞은 다음 유자제스트를 넣어 섞는다.

10 틀에 제누아즈(스펀지)를 깔고 ⑨를 붓는다.

11 주걱으로 윗면을 평평하게 다듬어 오븐팬에 골판지를 놓고 올린다. 바닥에 뜨거운 물을 살짝 부어 중탕으로 150℃로 예열한 오븐에서 40분간 천천히 굽는다.

12 다 구워지면 그대로 식혀서 완전히 차가워지면 스틱 모양으로 썰어 종이에 싸서 두고 먹는다.

W 치즈케이크

아래는 구운 치즈케이크, 위는 굽지 않은 레어 치즈케이크로 더블 구성된 것이 특징이에요.
치즈케이크는 오븐팬에 뜨거운 물을 살짝 부어 굽습니다.
수분이 공급되어 케이크 윗면이 갈라지지 않아요.

지름 18cm 원형 틀 1개분

160℃, 25~30분
150℃, 40분

〈제누아즈〉
(18cm 원형 틀 1대 분량)
달걀 180g
설탕 100g
박력분 90g
버터 20g
우유 15g

〈치즈 필링〉
(15cm 원형 틀 2대 분량)
크림치즈 300g
설탕 40g
꿀 30g
버터 60g
소금 1g
콘스타치 8g
달걀흰자 10g
생크림 140g
레몬즙 20g

실온에 둔다.

〈레어 치즈〉
마스카포네 130g
크림치즈 100g
설탕 30g
꿀 20g
밀크리큐르 13g
레몬즙 13g
생크림 265g
판젤라틴 7g

찬물에 담가 불렸다가 꼭 짜서 쓴다.

제누아즈 만들기

1 볼에 달걀, 설탕을 담고 중탕해서 따뜻하게 한 다음 핸드믹서로 충분히 거품을 낸다.

2 박력분을 3~4회에 나눠 넣으며 섞는다.

3 작은 볼에 버터와 우유를 담아 불에 올려 녹인 다음 ②에 천천히 부으며 섞는다.

4 지름 18cm 원형 틀에 종이를 깔고 반죽을 부어 160℃로 예열한 오븐에서 25~30분간 굽는다.

5 틀에서 꺼내 종이를 떼지 말고 뒤집어서 완전히 식힌 다음 종이를 벗겨내고 1cm 두께로 썬다. 뜨거울 때 종이를 떼어내면 수축되어 모양이 일그러진다.

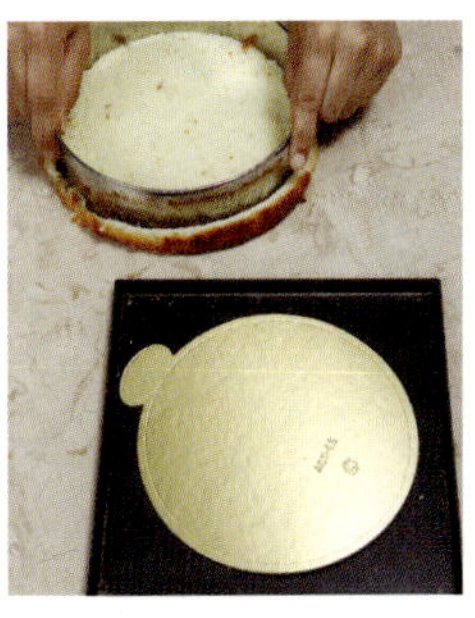

6 지름 15cm 원형 링 모양 틀로 2장을 찍어 틀에 딱 맞게 자른다.

7 받침에 방수종이를 깔고 링 틀을 놓고 ⑥의 시트 1장을 깔아서 준비한다. ▷

8 볼에 크림치즈를 담고
거품기로 푼다.

9 설탕, 꿀, 버터, 소금, 콘스타치, 레몬즙, 달걀흰자,
생크림을 순서대로 넣고 섞는다.

10 ⑦에 ⑨의 반죽을
붓는다.

11 수분 조절을 위해
오븐팬에 골판지를 놓고
⑩을 올린다.

12 오븐팬에 뜨거운 물을 조금 부어 150℃로 예열한
오븐에서 40분간 굽는다. 물을 부어 구우면 케이크
윗면이 말라서 갈라지지 않는다.

13 다 구워지면 그대로
틀째 식힌다.

14 볼에 크림치즈를 담아 거품기로 부드럽게 풀고, 마스카포네치즈를 섞는다.

15 설탕, 꿀, 밀크리큐르, 레몬즙을 순서대로 넣고 섞는다.

16 작은 볼에 불린 젤라틴을 손으로 꼭 짜서 넣고 중탕해서 녹인다.

17 녹인 젤라틴을 ⑮에 넣고 고루 섞는다.

18 생크림을 걸쭉하게 거품을 내서 ⑰에 넣고 섞는다.

19 구워낸 ⑬의 케이크 위에 ⑱을 붓는다.

20 윗면을 평평하게 다듬어 냉장고에 2시간 정도 넣어둔다. 차갑게 굳으면 틀에서 꺼내어 마무리한다.

> **tip**
>
> **케이크 장식하기**
>
> 제누아즈 남은 것을 하얀 부분만 커터에 갈아 가루를 내세요. 생크림을 부드럽게 거품 낸 다음 윗면과 옆면의 아래칸에 얇게 바릅니다. 자연스럽게 바르는 것이 중요해요. 제누아즈 가루 낸 것을 윗면에 솔솔 뿌리고, 옆면에는 손으로 던지듯이 뿌려서 붙이면 멋스러워요. 위에 적당히 과일을 올려 마무리합니다.

베리치즈케이크

🍰 지름 18cm 원형 틀
1개분

📷 170℃, 50분

오레오쿠키 100g
버터 25g
크림치즈 250g
설탕 80g   거품기로 푼다.
달걀 2개
레몬즙 30g   크림을 빼내고 쿠키만 커터에 간다.
콘스타치 2큰술
마른 크랜베리 4큰술
마른 블루베리 4큰술

1 케이크 틀 안쪽에 버터를 얇게 칠한다.

2 볼에 오레오쿠키 간 것을 담고 버터를 넣어 주물러 섞는다.

3 ①의 틀에 ②를 넣고 옆면까지 손으로 꼭꼭 눌러 붙인다.

4 감자 으깨는 매셔로 바닥을 단단히 다진다.

5 크랜베리, 블루베리는 한데 섞어 뜨거운 물을 붓는다.

6 2~3분 담갔다가 바로 체에 건진다.

7 키친타월에 싸서 물기를 빼둔다.

8 볼에 크림치즈를 담고 거품기로 부드럽게 푼다.

9 설탕을 3회에 나눠 넣으며 거품기로 섞는다. 거품이 많이 나면 좋지 않으므로 핸드믹서는 쓰지 않는다.

10 달걀을 풀어 천천히 나눠 넣으며 섞는다.

11 레몬즙을 넣어가며 섞는다.

12 콘스타치를 여러 번에 나눠 섞는다. 거름망에 한번 거르면 덩어리지지 않는다.

13 불린 베리류를 넣고 주걱으로 섞는다.

14 ④의 틀에 ⑬의 반죽을 부어 170℃로 예열한 오븐에서 50분간 굽는다.

딸기타르트

타르트 시트에 포크나 롤러 피케를 이용해 공기구멍을 내면 구워도 수축되지 않아요.
아몬드크림은 미리 만들어 냉장고에 하루 정도 넣었다가 사용하기 전에 다시 실온에 꺼내어
나무주걱으로 부드럽게 해서 사용합니다.

🥧 지름 18cm 타르트 틀 1개분

🔥 210℃, 15분

딸기 25개
피스타치오 약간

〈파트 슈크레〉
버터 150g
슈거파우더 94g
달걀 47g
아몬드파우더 38g
박력분 250g
베이킹파우더 2g

실온에 꺼내두어 크림 상태로 준비한다.
실온에 꺼내둔다.
체에 친다.

〈아몬드크림〉
버터 100g
슈거파우더 80g
달걀 54g
사워크림 10g
탈지분유 4g
바닐라에센스 1g
아몬드파우더 120g

〈퐁듀〉
딸기리큐르 6g
레몬즙 3g
설탕 10g
딸기과즙(거른 것) 33g

〈주레〉
설탕 35g
잼베이스 2g
딸기즙 100g
물엿 55g
레몬즙 13g

1 아몬드크림을 만든다. 볼에 버터를 넣고 슈거파우더를 5회에 나눠 넣으며 나무주걱으로 잘 섞는다.

2 달걀 54g을 5회에 나눠 넣으며 나무주걱으로 잘 섞는다.

3 사워크림, 탈지분유, 바닐라에센스, 아몬드파우더 순서로 섞은 다음 냉장고에 하루 정도 넣어둔다. 사용하기 전에 꺼내어 나무주걱으로 부드럽게 해서 짤주머니에 넣어 사용한다.

4 파트 슈크레를 만든다. 볼에 버터를 넣고 슈거파우더를 5회에 나눠 넣으며 나무주걱으로 섞는다.

5 달걀 47g을 5회에 나눠 넣으며 잘 섞는다.

6 아몬드파우더, 박력분, 베이킹파우더를 넣어 섞는다.

7 스크래퍼를 이용해 주무르며 반죽한다.

8 작업대에 가루를 조금 뿌리고 반죽을 놓아 동그랗게 만든다. 랩에 싸서 냉장고에 하루 넣어둔다.

9 다음날 ⑧의 반죽을 꺼내 밀대로 몇 번 두드려 0.3cm 두께로 민다.

10 타르트 틀에 옮겨 담아 밀착시킨다.

11 칼등으로 가장자리에 남은 반죽을 잘라낸 후 손가락으로 안쪽 틀에 맞게 누른다. 비죽 나온 반죽을 한 번 더 칼로 정리한다.

12 반죽에 포크로 공기구멍을 낸다. 시트가 수축되는 걸 막아준다.

13 짤주머니에 납작한 깍지를 끼우고 ③의 아몬드크림을 넣는다. ⑫의 시트 위에 크림을 펼치고 스크래퍼로 평평하게 편다. 210℃로 예열한 오븐에서 15분간 굽는다.

14 냄비에 주레 재료를 모두 넣고 약한 불에서 한번 끓인 다음 얼음볼 위에 올려 한 김 식힌다.

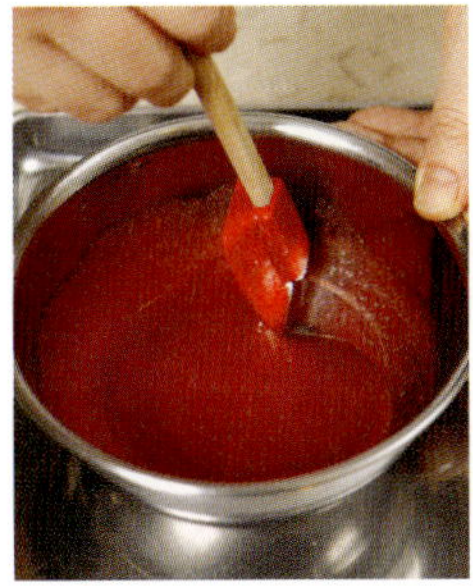

15 볼에 퐁듀 재료를 모두 넣고 주걱으로 섞는다.

16 ⑬의 파트 슈크레를 오븐에서 꺼내어 뜨거울 때 ⑮의 퐁듀를 0.3cm 두께로 듬뿍 칠한다. 가장자리는 바르지 않는다.

17 딸기 꼭지 부분에 꼬챙이를 꽂아 ⑭의 주레에 담갔다가 꺼내서 틀에 돌려가며 놓는다.

18 피스타치오를 썰어서 장식한다.

링치즈케이크

비교적 만들기 간단한 치즈케이크예요.
크림치즈와 레몬을 넣고 케이크를 구워 위에 부드러운 생크림과 과일로 장식하면 됩니다.
재료는 여러 번에 나눠 넣고, 구운 케이크는 틀째 냉장고에 넣어 식히세요.

지름 18cm 도넛 모양 틀 1개분

170℃, 40분

크림치즈 200g
버터 20g
설탕 80g
달걀 2개
박력분 3큰술 — 체에 내린다.
생크림 200ml
레몬즙 ½개분
레몬껍질 ½개분 — 강판에 갈아서 사용한다.

〈아이싱〉
생크림 200ml
설탕 30g — 섞는다.
라즈베리·블루베리·민트잎 약간씩

1 볼에 크림치즈를 담고 거품기로 부드럽게 푼다.

2 ①에 버터를 넣고 계속 섞는다.

3 설탕을 여러 번에 나눠 넣으며 섞는다.

4 달걀을 풀어 3~4회 나눠 넣으며 섞는다.

5 밀가루를 3~4회에 나눠 넣으며 섞는다.

6 생크림, 레몬즙, 레몬껍질을 순서대로 넣으며 섞는다.

7 틀에 버터를 칠한다.

8 틀에 ⑥의 반죽을 붓고 170℃로 예열한 오븐에서 40분간 굽는다.

9 다 구워지면 틀째 식힌 다음 냉장고에 차갑게 두었다가 꺼내어 뒤집어서 떼어내고 생크림을 고루 바른다. 과일로 장식하고 차갑게 먹는다.

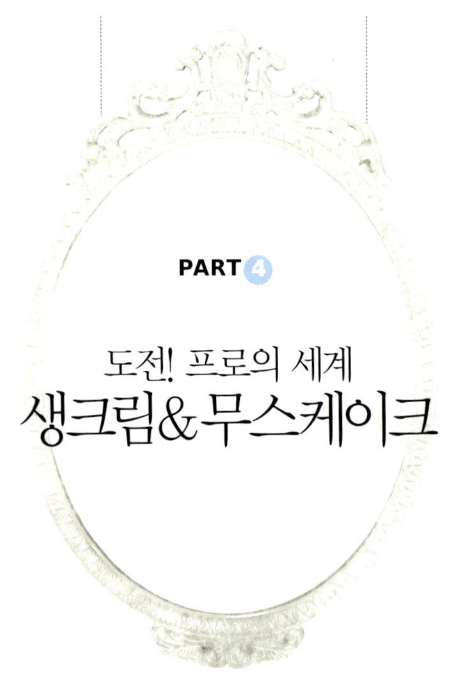

도전! 프로의 세계
생크림&무스케이크

누군가에게 부담 없으면서도 기분 좋은 선물을 하고 싶을 때 케이크는 어떨까요?
동네 제과점에서 흔히 살 수 있는 것이 아니라 조금은 특별해 보이는 것으로 말이죠.
고급 베이커리에서 살 수도 있지만 손수 만들어 선물하면 기쁨이 배가되겠죠..
그럴 때 요긴한 케이크 몇 가지 소개할게요.

스펀지케이크

케이크의 기본 중의 기본이 바로 스펀지케이크입니다.
반죽 과정에서 거품이 꺼지면 잘 부풀지 않으니
거품을 충분히 내세요.
오븐에 구운 후에는 가운데가 꺼질 수 있으니
틀에서 꺼내 바로 식힘망에 거꾸로 엎어 식히세요.

지름 18cm 원형 틀
1개분

160℃, 30분

박력분 90g
달걀 140g
설탕 100g
물엿 5g
버터 25g
우유 35g

체에 친다.

1 작은 그릇에 버터와
우유를 담고 따뜻하게
가열하여 녹인다.

2 다른 큰 볼에 달걀을 풀고
다른 볼에 뜨거운 물을 담아
아래 받쳐놓는다.

3 ②에 설탕, 물엿을
넣고 중탕해서 따뜻하게
녹인다.

4 ③의 볼을 작업대에
내려놓고 핸드믹서를
고속으로 해서 거품을 낸다.

5 다시 저속으로 3분 동안
거품을 낸다.

6 체에 친 박력분을 조금
넣고 주걱으로 섞는다.

7 박력분을 3~4회에 나눠 넣으며 섞는다.

8 우유와 버터 녹인 것을 조금씩 부으며 섞는다.

9 가장자리를 고무주걱으로 정리하고 가루가 보이지 않도록 고루 섞는다.

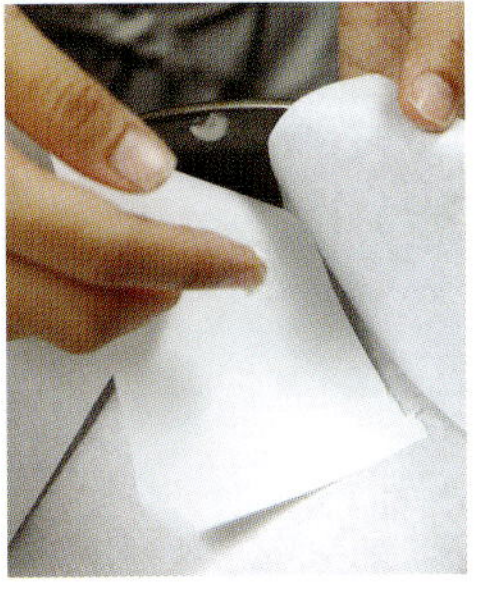

10 틀에 종이를 깐다. 종이는 바닥과 옆면을 미리 재단해두었다가 반죽을 살짝 찍어서 붙인다.

11 ⑨의 반죽을 틀에 부어 160℃로 예열한 오븐에서 30분간 굽는다.

잘 구워진 스펀지 케이크는…

케이크의 기본인 스펀지 케이크는 볼륨감 있게 옆면을 따라 일정하게 올라와야 잘 구워진 것입니다. 한쪽이 푹 꺼지면 일정한 두께로 자를 수 없어 원하는 층을 낼 수 없습니다. 구워서 꺼냈을 때 윗면이 평평하고 옆면 역시 안으로 들어가지 않고 반듯하게 올라와야 합니다.

12 다 구워지면 틀에서 꺼내 바로 식힘망에 거꾸로 엎어 완전히 식힌다. 엎어서 식히지 않으면 가운데가 꺼질 수 있다.

딸기생크림케이크

지름 18cm 스펀지
1개분

30분

만들기
92p 참조.

원형으로 구운 기본
스펀지케이크 1대
딸기 1팩

케이크 속에
넣을 것은
꼭지를 떼고
반으로 썬다.

〈아이싱〉
생크림 400g
설탕 40g
키르슈 4g

모두
섞어
걸쭉하게
거품을
낸다.

〈시트용 시럽〉
설탕 20g
물 60g
리큐어 20g

작은 냄비에 넣고
가열하여
녹인 다음
식힌다.

1 완전히 식힌
스펀지케이크의 종이를
벗겨낸다.

2 구운 색이 나는 윗면을
얇고 편평하게 저며낸다.

3 덜 잘라낸 부분이 있으면
깨끗하게 정리한다.

4 시트를 뒤집어놓고
원하는 높이의 막대를
양쪽에 대고 그 위로 칼을
지나가게 한다. 일정한
두께로 자를 수 있다.

5 시트를 일정한 높이로
자른다. 윗면과 바닥을
빼고 3장을 만든다.

6 시트 한 장에 가볍게
시럽을 발라 돌림판 위에
놓는다. 생크림을 얇게
바르고 딸기를 올린다.

7 위에 생크림을 얹어 딸기 사이사이에 크림을 고루 깐다.

8 다른 시트 한 장에 붓으로 시럽을 바른다.

9 시트를 얹고 같은 방법으로 생크림을 바르고 딸기를 올린다.

10 얇게 생크림을 덮는다.

11 나머지 시트를 올리고 생크림을 얹어 매끈하게 덮는다.

12 옆면도 생크림으로 아이싱한다. 스패출러는 반듯하게 세워 사용한다.

13 짤주머니에 생크림을 담아 윗면을 장식하고 딸기를 고루 올린다.

화이트
롤케이크

30×30cm 정사각 틀
1개분

180℃, 15분

달걀 250g — 실온에 꺼내둔다.
설탕 120g
우유 40ml
박력분 80g — 체에 친다.
슈거파우더 적당량

〈크림〉
생크림 160g
플레인요구르트 40g
꿀 30g

〈시트용 시럽〉
보멘시럽 30g
라즈베리잼 30g
카시스리큐르 30g — 한번 끓인다.

1 볼에 달걀을 풀고 다른
볼에 뜨거운 물을 담아
받쳐놓는다. 설탕, 우유를
넣고 중탕해서 따뜻하게
녹인다.

2 핸드믹서를 고속으로
3분 동안 거품을 낸 다음
다시 저속으로 3분 동안
거품을 낸다.

3 거품이 꺼지지 않도록
체에 친 박력분을 조금씩
넣으며 섞는다.

4 틀에 종이를 깔고 ③을
붓고 스크래퍼로 편평하게
펼쳐 180℃로 예열한
오븐에서 15분간 굽는다.

5 냄비에 시트용 시럽
재료를 모두 넣고 끓인다.
걸쭉해지면 불을 끄고
식힌다.

6 생크림을 거품 낸 뒤
요구르트를 조금씩
넣으며 섞는다. 꿀을 넣고
부드러운 크림 상태가
되도록 가볍게 섞는다.

7 ④의 시트를 식힘망에 올려 식힌다. 수분이 날아가지 않도록 비닐을 덮어 20~30분 두었다 종이를 벗겨낸다.

8 가장자리를 잘라낸다.

9 작업대에 종이를 깔고 시트의 구운 면이 위로 오도록 놓고 ⑤의 시럽을 고루 바른다.

10 윗면에 ⑥의 생크림을 얇게 펴바른다.

11 스크래퍼로 칼집을 넣는다. 동그랗게 말 때 모양이 가지런히 잡힌다.

12 종이를 들어 끝부분부터 돌돌 만다.

13 완전히 말아 종이째 냉장고에서 20분 정도 두어 모양을 고정시킨다.

14 꺼내어 종이를 벗기고 생크림을 고루 덮는다.

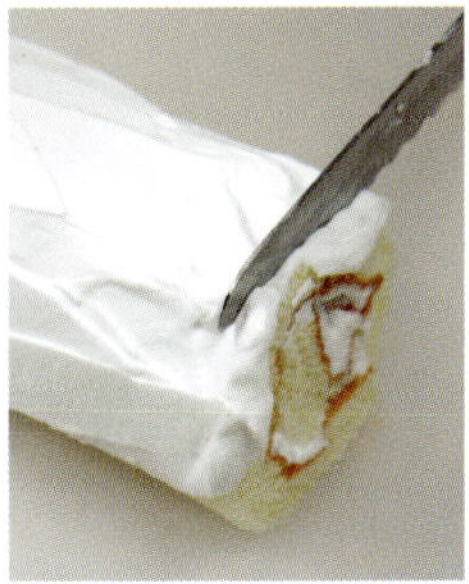

15 끝부분은 잘라낸다.

16 짤주머니에 생크림을 넣고 윗면에 원하는 모양을 장식한다.

17 슈거파우더를 뿌려 마무리한다.

오렌지
쇼트케이크

18×18cm 정사각 틀 1개분

170℃, 35분

달걀 80g — 실온에 꺼내둔다.
달걀노른자 30g — 차게 보관한다.
달걀흰자 60g
설탕(A) 50g
아몬드파우더 65g
설탕(B) 65g
박력분 30g — 한데 섞어 체에 친다.
강력분 30g
버터 30g — 40℃로 녹인다.

〈오렌지 절이기〉 — 3일 전에 절여 놓는다.
오렌지 3~4개
물 10g
설탕 50g
오렌지리큐르 40g

〈오렌지 주레〉
오렌지주스 100g
설탕 19g
잼베이스(펙틴) 2g
물엿 31g
오렌지페이스트 1g

〈이탈리언 머랭〉
오렌지주스 10g
레몬즙 10g
설탕 57g
달걀흰자 33g+설탕 6g
분말흰자 4g

〈크림〉
생크림 125g — 부드럽게 거품을 낸다.
오렌지페이스트 2g
이탈리언 머랭 80g

오렌지 절이기

1 오렌지는 칼로
속껍질까지 깎아낸다.

2 물과 설탕을 끓여
식히고 오렌지리큐르를
넣고 젓는다. ①의 오렌지
과육에 부어 냉장고에서
3일 동안 절인다.

3 케이크를 만들기 전에
절인 오렌지를 꺼내
키친타월에 올려 물기를
빼둔다.

4 손잡이가 있는 중간 볼에 달걀, 달걀노른자, 아몬드파우더, 설탕(B)을 넣고 핸드믹서로 충분히 거품을 낸다.

5 깊고 큰 볼에 달걀흰자를 넣고 설탕(A)을 3~4회에 나눠 넣으며 거품을 내어 머랭을 단단히 만든다.

6 ⑤의 볼에 ④를 부어 주걱으로 섞는다.

7 반 정도 섞이면 체에 친 가루를 조금씩 넣으며 섞다가 녹인 버터를 2회에 나눠 넣으며 덩어리 없이 섞는다.

8 틀에 종이를 깔고 반죽을 부어 주걱으로 가운데 부분이 살짝 들어가게 고루 편다. 구우면 윗면이 평평해진다.

9 170℃로 예열한 오븐에서 35분 동안 구운 뒤 꺼내어 완전히 식힌 다음 종이를 벗겨낸다.

10 윗면을 칼로 얇게 떠낸다.

11 막대를 양쪽에 받치고 시트를 뒤집어놓은 다음 1.5cm 두께로 2장을 떠낸다.

12 시트 앞뒷면에 오렌지를 절여두었던 ②의 시럽을 고루 발라 냉장고에 넣어둔다. ⇨

13 작은 냄비에 이탤리언 머랭 재료 중 오렌지주스, 레몬즙, 설탕을 넣고 117℃까지 끓인다.

14 온도가 올라가는 동안 다른 볼에 달걀흰자, 설탕, 분말흰자를 넣고 핸드믹서로 거품을 낸다.

15 ⑬이 117℃가 되면 ⑭에 천천히 부으며 계속 고속으로 섞는다.

16 ⑮를 80g만 계량해 바트에 담고 펼친다.

17 온도계를 꽂아 냉동실에 넣고 0℃까지 온도를 낮춘다.

18 거품 낸 생크림을 한 숟가락 떠서 오렌지페이스트에 넣고 으깨듯이 섞는다.

19 나머지 생크림에 ⑱의 오렌지 페이스트를 넣고 고루 섞는다.

20 ⑰의 이탤리언 머랭을 한 주걱씩 떠서 ⑲의 생크림에 고루 섞는다.

21 짤주머니에 납작한 깍지를 끼고 ⑳의 크림을 담는다.

22 ⑫의 시트 한 장을 놓고 ㉑의 크림을 한 줄씩 나란히 짠다.

23 스패츌러로 윗면을 매끈하게 정리한다.

24 ③의 절인 오렌지를 가지런히 올린다.

25 나머지 시트 한 장을 덮고 다시 크림을 짠다.

26 윗면을 매끈하게 하고 절인 오렌지를 올린 다음 가장자리를 종이로 감싸 모양을 잡고 냉장고에 넣어둔다.

27 냄비에 오렌지 주레 재료 중 설탕과 잼베이스를 넣고 주걱으로 잘 섞는다. 먼저 섞지 않으면 덩어리진다.

28 오렌지주스를 넣고 물엿을 넣어 가볍게 끓인다.

29 불에서 내려 거품을 걷어낸다.

30 체에 거르고 얼음물에 담가 40℃ 정도로 식힌다.

31 오렌지페이스트를 부드럽게 풀어 ㉚에 섞는다. 35℃ 정도로 식힌다.

32 ㉖의 케이크를 꺼내 오렌지 주레를 붓으로 듬뿍 바른다.

33 냉장고에 넣어 1시간 이상 두었다가 차갑게 낸다.

홍차초코생크림케이크

지름 18cm 원형 틀
1개분

160℃, 30분

달걀 150g
설탕 110g
박력분 100g
버터 26g
우유 40g

체에 친다.

실온에 둔다.

〈시트용 시럽〉
홍차 10g
끓는 물 150ml
설탕 50g

〈초코아이싱〉
초콜릿 80g
우유 48g
생크림 240g
화이트초콜릿·
다크초콜릿 약간씩

잘게 썬다.

부드럽게 거품을 낸다.

1 작은 볼에 버터와 우유를 담고 따뜻하게 가열하여 녹인다.

2 볼에 달걀을 풀고 다른 볼에 뜨거운 물을 담아 아래 받쳐놓는다.

3 ②에 설탕을 넣고 35℃ 정도에서 중탕으로 따뜻하게 녹인다.

4 ③의 볼을 작업대에 내려놓고 핸드믹서를 고속으로 해서 충분히 거품을 낸다.

5 스펀지를 부드럽게 하기 위해 중속으로 내려 거품을 약간 가라앉힌다.

6 체에 친 박력분을 3~4회에 나눠 넣으며 주걱으로 섞는다.

7 ①의 버터 녹인 것을 조금씩 부으며 섞는다.

8 가장자리를 고무주걱으로 정리하고 가루가 보이지 않게 고루 섞는다.

9 틀에 종이를 깔고 ⑧의 반죽을 부어 160℃로 예열한 오븐에서 30분간 굽는다. ⇨

10 끓는 물에 설탕, 홍차 잎을 넣어 10분간 우린다.

11 체에 걸러 홍차시럽을 만든다.

12 초코아이싱을 만든다. 초콜릿을 잘게 썰어 볼에 담고 우유를 80℃로 데워 붓는다.

13 거품기로 잘 저어 초콜릿을 완전히 녹인다.

14 얼음물이 담긴 볼에 ⑬을 담가 식힌다.

15 생크림을 거품 내어 2회에 나눠 넣으며 고루 섞는다. 생크림은 너무 거품을 내면 초콜릿과 섞을 때 거칠어지고 분리되므로 70% 정도만 거품을 낸다.

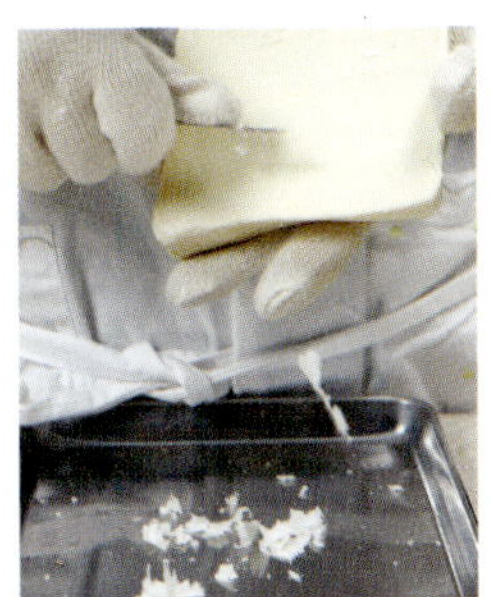

16 화이트초콜릿과 다크초콜릿을 칼로 긁어 장식용 초콜릿을 만든다.

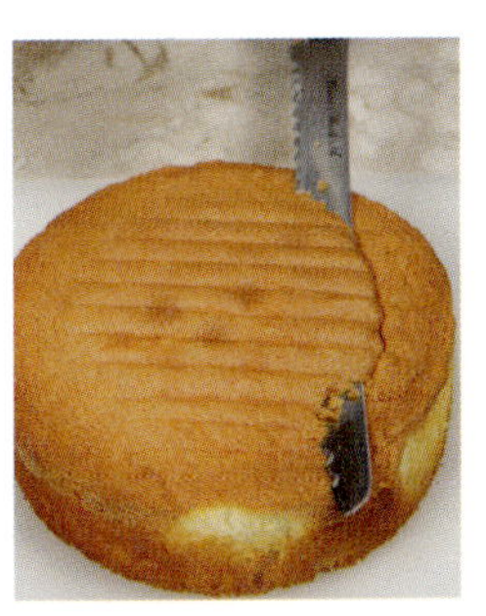

17 ⑨의 시트를 꺼내 뒤집어서 완전히 식힌 다음 종이를 벗겨내고 윗면을 칼로 얇게 떠낸다.

18 막대를 양쪽에 받치고 1.5cm 두께로 잘라내 시트 2장을 만든다.

19 시트 앞뒷면에 ⑪의 시럽을 붓으로 고루 바른다.

20 시트 한 장을 깔고 ⑮의 초코생크림을 바른 다음 다시 한 장을 올리고 윗면에 크림을 바른다.

21 옆면도 크림을 발라 가지런하게 정리한다.

22 가운데에 ⑯의 장식용 초콜릿을 올린다.

루로카페

조리 포인트는 달걀 거품을 충분히 내는 것.
구운 시트를 1cm 두께로 3장을 찢어지지 않게 떠내는 것도 중요하고요.

🍰 18×18cm 정사각 틀
1개분

🔥 160℃, 30분

달걀 155g
설탕 115g
박력분 100g
커피파우더 5g
버터 20g
우유 30g
아몬드슬라이스 120g

실온에 둔다.

한데 체에 친다.

실온에 둔다.

입자가 고와야 한다.

오븐에 굽는다.

〈커피 퐁듀〉
물 100g
설탕 75g
커피파우더 6g
바닐라에센스 8방울

〈커피생크림〉
생크림 200g
설탕 26g
커피리큐르 5g
커피파우더 5g
물 8g
바닐라에센스 5방울

부드럽게 거품을 낸다.

1 볼에 우유, 버터를 담고 녹인다.

2 다른 볼에 달걀, 설탕을 넣고 거품기로 저어 녹인다.

3 중탕해서 약간 따뜻해야 달걀 거품이 잘 난다.

4 볼을 내려놓고 핸드믹서를 고속으로 하여 충분히 거품을 낸다.

5 거품기를 들어 올렸을 때 리본이 그려질 정도로 거품을 낸다. ⇨

6 체에 친 박력분과 커피파우더를 4~5회에 나눠 넣으며 주걱으로 섞는다.

7 ①의 버터와 우유 녹인 것을 넣으며 계속 주걱으로 섞는다.

8 틀에 종이를 깔고 반죽을 붓는다. 틀 가장자리가 조금 올라오도록 편다.

9 160℃로 예열한 오븐에서 30분 정도 굽고 꺼내어 식힘망에 뒤집어 올려 식힌다.

10 종이를 떼어내고 윗면을 얇게 떠낸다.

11 1cm 두께의 막대를 양쪽에 대고 시트 3장을 떠낸다.

12 커피 퐁듀를 만든다. 냄비에 설탕, 물을 넣고 끓으면 불에서 내려 커피파우더를 넣고 녹인다.

13 식으면 바닐라에센스를 넣고 섞는다.

14 ⑪의 시트에 커피 퐁듀를 앞뒤로 고루 발라 냉장고에 넣어둔다.

15 커피크림을 만든다. 볼에 커피파우더를 넣고 물에 부어 곱게 갠다.

16 생크림을 부드럽게 거품 내어 ⑮를 넣고 설탕, 커피리큐르, 바닐라에센스를 넣어 거품기로 섞는다.

17 짤주머니에 납작한 깍지를 끼우고 ⑯의 커피크림을 담는다.

18 ⑭의 케이크 시트 한 장을 놓고 ⑰의 크림을 한 겹으로 짠다.

19 스패출러로 윗면을 매끈하게 정리하고 시트 한 장을 올려 다시 커피크림을 짜고 윗면을 스패출러로 정리한다.

20 마지막 시트 한 장을 올리고 커피크림을 짠 다음 스패출러로 정리한다.

tip

오븐팬에 아몬드슬라이스를 펼쳐 160℃로 예열한 오븐에 넣어 구운 색이 날 정도로만 구워서 완전히 식힌 다음 케이크 장식용으로 쓰세요. 아몬드는 그냥 쓰는 것보다 구웠을 때 한결 풍미가 좋아 식감을 더해줍니다.

21 가장자리를 칼로 잘라낸다. 냉장고에 20분 정도 두었다가 자르면 매끈하게 잘린다. 윗면에 구운 아몬드슬라이스를 듬뿍 뿌린다.

초콜릿 샤레

만드는 데 이틀이나 걸리는 어려운 케이크 중 하나예요.
그만큼 정성이 많이 들어가지만 초콜릿보다 훨씬 고급스럽기 때문에
밸런타인데이 같은 특별한 날 선물로도 그만이에요.
럼에 절인 건포도를 듬뿍 넣어 진한 맛을 살리는 것이 포인트랍니다.

🟠 8개분

▦ 160℃, 30분

다크초콜릿(카카오 55%)
140g
가염버터 16g
무염버터 13g
생크림(차가운 것) 25g
브랜디 또는 코냑 15g

〈초콜릿케이크〉
가염버터 120g
설탕 120g
달걀 94g
꿀 24g
바닐라에센스 2g
박력분 80g
카카오파우더 24g
다크럼에 절인 건포도 214g
코팅용 다크초콜릿 약간

한데 섞어 체에 친다.

일주일 전에 절여둔다.

〈사브레 그리오트 카카오〉
그리오트 카카오 100g
물 25g
설탕 100g

1 작은 볼에 뜨거운 물을 담고 그 위에 조금 큰 볼을 올려 다크초콜릿과 가염버터, 무염버터를 넣어 녹인다.

2 초콜릿이 녹으면 차가운 생크림과 코냑을 넣어 잘 섞는다.

3 작은 사각틀에 부어 하루 정도 냉동한다.

4 ③이 굳으면 꺼내어 사방 1cm 크기로 썬다.

5 사브레 그리오트 카카오를 만든다. 냄비에 설탕과 물을 넣고 118℃까지 가열한다.

6 그리오트 카카오를 넣고 재빨리 섞는다. 하얗게 될 때까지 젓는다.

7 하얗게 되면 실리콘페이퍼에 쏟아 펼친 다음 손으로 비벼 알맹이를 알알이 떼어 식힌다.

8 볼에 달걀의 ⅓ 분량을 넣고 설탕을 3~4회에 나눠 넣으며 나무주걱으로 섞는다.

9 꿀을 조금씩 넣으며 섞는다.

10 남은 분량의 달걀을 조금씩 넣으며 섞고, 버터와 바닐라에센스를 넣어 섞는다.

11 체에 친 박력분과 카카오파우더를 넣고 주걱으로 잘 섞는다.

12 럼에 절인 건포도를 넣고 섞는다.

13 ④의 초콜릿 굳힌 것을 넣고 고루 섞는다.

14 틀에 종이를 깔고 반죽을 2cm 정도 여유를 두고 담아 160℃로 예열한 오븐에서 30분간 굽는다.

15 다 구워지면 틀에서 빼지 말고 그대로 식힘망에 올려 한 김 식힌다.

16 식으면 틀에서 빼고 종이를 벗긴다.

17 코팅용 초콜릿을 중탕해서 녹여 케이크 윗면에 바른다.

18 ⑦의 사브레 그리오트 카카오를 윗면에 고루 뿌린다.

19 카카오파우더를 고운 체에 담아 가볍게 뿌린다.

라즈베리 티라미수

부드러운 마스카포네크림을 넣은 티라미수는 대표적인 디저트 중 하나죠.
티라미수를 맛있게 만들려면 스펀지케이크가 축축해지지 않도록 해야 해요.
빨리 한다고 퐁듀를 미리 발라두면 수분이 흡수되어 찢어질 수 있으니 주의하세요.

지름 18cm 원형 틀 1개분

25~30분

지름 18cm 원형 스펀지
케이크 1대
만드는 법은 92p 참조

〈라즈베리잼〉
딸기잼 140g
딸기퓨레 30g
설탕 90g
레몬즙 10g
산딸기퓨레 50g

*기본 스펀지케이크를 구워
1cm 두께로 2장을 자른다.

찬물에
담가 불린다.

〈퐁듀〉
딸기퓨레 80g
설탕 30g
레몬즙 14g
산딸기리큐르 50g

〈마스카포네크림〉
마스카포네치즈 265g
사워크림 30g
라즈베리잼 110g
키르슈 15g
설탕 30g
판젤라틴 2g
생크림 거품 낸 것 90g

1 냄비에 라즈베리 잼 재료를 모두 넣고 주걱으로 저으며 끓인다. 뭉근하게 끓여 상온에서 식힌 다음 110g을 덜어서 사용한다.

2 냄비에 퐁듀 재료 중 딸기퓨레, 설탕, 레몬즙을 넣고 살짝 끓여 얼음물에 담가 식힌 다음 산딸기리큐르를 넣어 섞는다.

3 스펀지케이크 시트 2장을 바트에 펼치고 한 장에 ②의 퐁듀를 바른다.

4 케이크 받침 위에 링 모양 틀을 올려 바트에 놓고 ③의 시트를 뒤집어 넣는다.

5 윗면에 다시 퐁듀를 고루 바른다. 나머지 한 장의 시트에는 퐁듀를 바르지 않고 그대로 둔다. 퐁듀를 미리 발라놓으면 수분이 스며들어 시트가 찢어지기 쉽다.

6 마스카포네크림을 만든다. 볼에 마스카포네치즈를 넣어 거품기로 부드럽게 풀고 사워크림을 섞는다.

7 키르슈, 설탕, ①의 라즈베리잼을 넣고 거품기로 잘 섞는다.

8 불린 젤라틴을 건져 꼭 짜서 볼에 담고 다른 볼에 뜨거운 물을 담아 받쳐 젤라틴을 녹인다.

9 녹인 젤라틴을 ⑧에 넣고 섞는다.

10 부드럽게 거품을 낸 생크림을 넣어 섞는다.

11 ⑤의 시트에 ⑪의 크림을 얹고 윗면을 평평하게 정리한다.

12 나머지 시트 한 장에 퐁듀를 바르고 퐁듀를 바른 쪽이 아래로 가도록 덮는다.

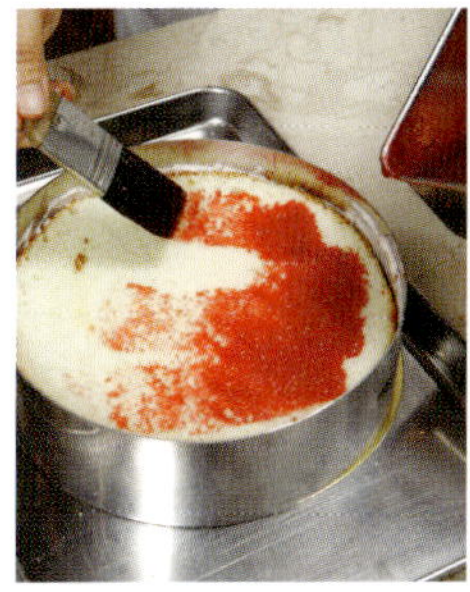

13 윗면에 퐁듀를 고루 바른다.

14 마스카포네크림을 듬뿍 얹는다.

15 스패츌러로 윗면을 매끈하게 정리하여 냉장고에 1시간 이상 굳혔다가 꺼낸다. 가만히 틀에서 빼낸 다음 남은 크림으로 옆면을 정리한다.

서양배무스케이크

비스퀴 시트를 바삭하게 굽는 것이 중요해요.
시간차를 두고 슈거파우더를 두 번 뿌려 구우면 됩니다.
서양배무스를 만들 땐 단계별 온도 조절이 중요하므로 온도계를 적절히 활용하면 편리합니다.

🥧 지름 18cm 링 모양 무스 틀 1개분

🔥 190℃, 13~14분

(준비할 틀 : 지름 18cm
링 모양 무스 틀 1개분,
18cm 얇은 정사각 틀 1개)

* 종이 위에 지름 18cm, 16cm
원을 한 장씩 그린다.

* 18cm 정사각 틀에 버터를
얇게 바르고 종이를 깔아서
준비한다.

〈비스퀴〉
달걀노른자 80g
달걀흰자 130g — 실온에 꺼내둔다.
설탕(A) 70g
설탕(B) 30g
설탕(C) 25g
강력분 65g
박력분 65g
슈거파우더 적당량

— 섞어 체에 친다.

〈시트용 시럽〉
설탕 15g
서양배리큐르 20g
물 50g

— 설탕과 물을 섞어
한번 끓인 다음
식혀서
서양배리큐르를 섞어
시럽을 만든다.

〈서양배무스〉
서양배 통조림 시럽 180g
서양배 통조림 과육 60g — 믹서에 과육과 과즙을 갈아서 140g을 사용한다.
서양배 과육 3~4개
바닐라빈 ⅙등분
달걀노른자 75g
설탕 35g — 0.3cm 두께로 슬라이스해 냉장고에 넣어둔다.
탈지분유 10g
젤라틴 5g
물 30g — 찬물에 불린다.
서양배리큐르 15g
생크림 170g — 걸쭉하게 거품을 내어 냉장고에 넣어둔다.

비스퀴(시트) 만들기

1 볼에 달걀노른자, 설탕 70g을 넣고 핸드믹서를 이용해 고속으로 충분히 거품을 낸다.

2 다른 볼에 달걀흰자, 설탕 30g을 넣고 중속으로 2분 동안 거품을 낸 다음 거품이 어느 정도 나면 고속으로 올려서 2분 동안 충분히 거품을 낸다. 다시 설탕 25g을 넣어 1분 동안 거품을 내어 끈기 있는 머랭을 만든다.

3 ②의 머랭에 ①을 한 번에 붓고 머랭이 꺼지지 않도록 반죽용 주걱이나 나무주걱으로 섞는다.

4 반 정도 섞이면 체에 친 가루를 4회에 나눠 넣으며 반죽용 주걱으로 가루가 보이지 않을 정도로만 가볍게 섞는다. ⇨

5 짤주머니에 지름 1cm의 둥근 깍지를 끼우고 ④의 반죽을 담는다.

6 준비해놓은 정사각 틀에 반죽을 직선으로 줄을 지어 짠다.

7 지름 16cm 종이에 가운데부터 달팽이 모양으로 반죽을 짠다.

8 지름 18cm 종이에 가장자리부터 안쪽으로 꽃 모양을 만들면서 반죽을 짠다.

9 슈거파우더를 듬뿍 뿌려 3분 동안 그대로 두었다가 다시 한번 슈거파우더를 뿌려 190℃로 예열한 오븐에서 13~14분간 굽는다. 바삭한 비스퀴 시트를 만들 수 있다.

10 구운 비스퀴 시트는 식힘망 위에 올려 식힌다.

11 바트에 링 모양 틀을 놓고 바닥에 방수 종이를 깐다.

12 사각 비스퀴는 바닥의 종이를 벗긴 다음 5cm 폭으로 자른다.

13 링의 안쪽에만 시럽을 칠하고 비스퀴로 틀의 옆면을 빙 두른다.

14 지름 16cm 원형 시트는 크기에 맞게 가장자리를 다듬고, 안쪽 면에만 시럽을 칠해 틀 바닥에 깐다.

15 지름 18cm 꽃 모양 시트도 안쪽 면에만 시럽을 칠해 모두 냉동실에 넣어둔다.

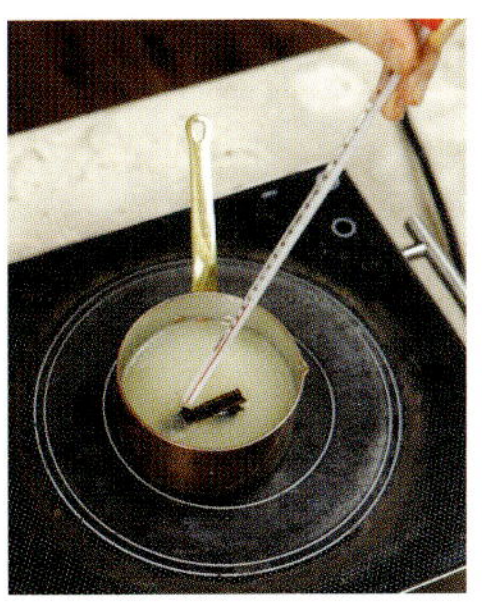

16 작은 동 볼에 바닐라빈 입자를 담고 서양배 간 것 140g을 넣어 불에 올려 80℃까지 올린다.

17 작은 유리 볼에 서양배무스 재료인 달걀노른자, 설탕을 넣어 거품기로 젓는다. 탈지분유를 함께 섞는다.

18 80℃까지 가열한 ⑯의 시럽을 ⑰의 볼에 부으면서 거품기로 빨리 섞는다.

19 다시 불 위에 볼을 올리고 바닥을 가볍게 저어가며 80℃까지 올린다.

20 불에서 내린 다음 불린 젤라틴을 넣어 녹이고 원으로 빨리 젓는다.

21 거름망에 거른다.

22 ㉑을 얼음 위에 올려 부어 40℃까지 온도를 내린 다음 서양배 리큐르를 넣어 섞는다.

23 얼음물 위에서 온도를 18℃까지 내린 다음 걸쭉하게 거품을 내둔 생크림을 꺼내 다시 한번 거품을 내서 3회에 나눠 넣으며 섞는다.

24 냉동실에서 시트를 꺼내 서양배무스를 분량의 ⅓을 부은 다음 슬라이스한 서양배 과육을 한번 깐다.

25 그 위에 남은 분량의 서양배무스를 한번 붓고, 다시 위에 과일을 올린다. 남은 양을 붓고 윗면을 정리한다.

26 꽃 모양 비스퀴 시트를 덮어 냉동실에 넣어 3시간 정도 충분히 굳힌다. 4℃ 정도에서 먹는다.

샴페인무스케이크

샴페인무스를 만들 땐 온도 조절이 중요해요.
샴페인, 화이트와인을 붓고 불에 올려 80℃로 유지해 끓지 않도록 합니다.
크림에 넣을 녹인 화이트초콜릿 역시 80℃까지 온도를 맞춘 뒤 생크림과 함께 가볍게 섞으세요.

🥧 24×7×5.5cm 반원기둥형 틀 1개분

🍞 180℃, 15분

(준비할 틀 :
도요 틀(반원기둥형 틀)
1대분 길이 24cm, 폭 7cm,
높이 5.5cm
비스퀴용 18×18cm
정사각 틀 2개

〈비스퀴 시트〉
달걀노른자 60g
달걀흰자 100g — 실온에 꺼내둔다.
설탕(A) 60g
설탕(B) 25g
설탕(C) 20g
강력분 50g
박력분 50g — 한데 섞어 체에 친다.
슈거파우더 약간

〈시트용 시럽〉
샴페인 60g
화이트와인 25g
설탕 10g
레몬껍질 곱게 다진 것
½개분

〈샴페인무스〉
샴페인 59g
화이트와인 43g
달걀노른자 37g
설탕 43g
젤라틴 3g
물 16g — 찬물을 부어 불린다.
레몬즙 11g
생크림 120g

〈화이트크림〉
생크림 115g — 걸쭉한 상태로 거품을 내어 냉장고에 넣어둔다.
화이트초콜릿 40g

비스퀴 만들기

1 볼에 달걀노른자, 설탕 60g을 넣고 핸드믹서를 이용해 고속으로 충분히 거품을 낸다.

2 다른 볼에 달걀흰자, 설탕 25g을 넣고 중속으로 1분 동안 거품을 내다가 고속으로 올려서 2분 동안 충분히 거품을 낸다. 다시 설탕 20g을 넣어 1분 동안 거품을 내어 단단한 머랭을 만든다.

3 ②의 머랭에 ①을 한 번에 붓고 머랭이 꺼지지 않도록 반죽용 주걱이나 나무주걱으로 섞는다.

4 반 정도 섞이면 체에 친 가루를 4회에 나눠 넣으며 반죽용 주걱으로 가루가 보이지 않을 정도로만 가볍게 섞는다.

5 짤주머니에 지름 1cm의 둥근 깍지를 끼우고 ④의 반죽을 담는다.

6 반죽을 정사각형 비스퀴용 틀에 직선으로 줄지어 짠다. ⇨

7 슈거파우더를 듬뿍 뿌려 3분 동안 그대로 두었다가 다시 한번 슈거파우더를 듬뿍 뿌려 180℃로 예열한 오븐에서 15분간 굽는다.

8 구운 비스퀴 시트는 식힘망에 올려 식힌다.

9 비스퀴 시트를 가로 24cm, 세로 14cm 틀에 맞게 자른다. 틀의 바닥과 옆면, 윗면에 덮을 것을 각각 준비한다.

10 작은 볼에 샴페인시럽 재료를 모두 넣고 설탕이 녹을 때까지 젓는다.

샴페인무스 만들기

11 시트 안쪽 면에 ⑩의 샴페인시럽을 바른다.

12 시트를 틀에 맞게 끼워 넣는다.

13 가로 24cm, 세로 5cm 크기로 자른 시트를 윗면에 덮어 냉동실에 넣어둔다.

14 유리볼에 샴페인무스 재료 중 달걀노른자, 설탕을 넣고 설탕이 녹을 때까지 거품기로 젓는다.

15 샴페인, 화이트와인을 붓고 약한 불에 올려 80℃까지 온도를 올린다. 알코올이 날아가기 때문에 끓이지 않는다.

16 불에서 내린 다음 불린 젤라틴을 넣어 녹인다.

17 젤라틴이 녹으면 체에 거르고 얼음물에 올려 40℃까지 온도를 낮춘다.

18 레몬즙을 넣고 다시 18℃까지 온도를 낮춘다.

19 미리 거품을 낸 생크림을 3회에 나눠 넣고 섞는다.

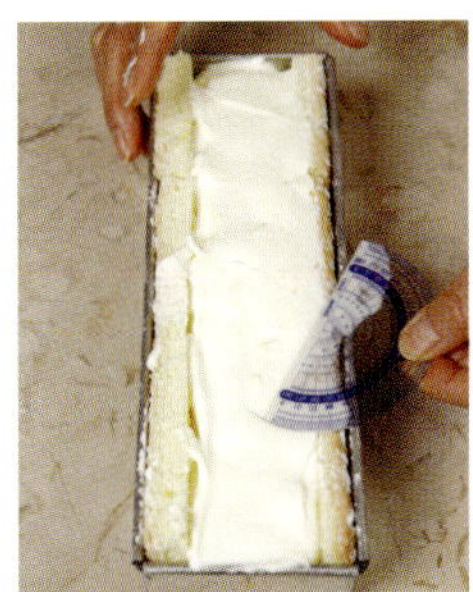

20 틀에 시트를 깔고 샴페인무스를 부은 후 바닥에 대고 툭툭 친다.

21 윗면을 다듬는다.

22 시트로 윗면을 덮고 냉동실에 넣어 2시간 정도 굳힌다.

23 70% 정도로 거품을 낸 생크림을 10℃까지 온도를 맞춘다.

24 화이트초콜릿을 50℃로 중탕해서 녹인 다음 완전히 녹으면 온도를 80℃까지 높인다.

25 ㉓의 생크림에 녹인 초콜릿을 부어 거품기로 섞어 크림을 완성한다. 너무 힘주어 오래 섞으면 분리되기 쉬우므로 가볍게 섞는 느낌으로 젓는다.

26 짤주머니에 톱니 깍지를 끼우고 크림을 담는다.

27 냉동실에서 굳힌 ㉒의 무스 틀을 꺼낸다. 양쪽 끝에 칼을 넣어 케이크를 틀에서 분리한다.

28 엎어서 꺼낸 다음 양쪽 가장자리는 1cm 정도 자른다.

29 무스케이크 위에 ㉖의 크림을 빈틈없이 가지런히 짠 다음 위에 화이트 초콜릿을 뿌린다.

아모르

상큼한 산딸기향이 나는 홍차의 맛과 달콤한 초콜릿이 어우러진 무스 케이크예요.
산딸기향을 잘 살리는 것이 중요하므로
프람보아즈 가나슈에 넣는 재료를 끓인 뒤 얼음물에서 충분히 식히세요.
온도가 높을 때 산딸기리큐르를 넣으면 특유의 향이 날아가 풍미가 떨어질 수 있어요.

🍰 지름 7cm 돔형 케이크
12개 분량

🔲 180℃, 10분

산딸기·블루베리 적당량씩

〈다쿠아즈〉
달걀흰자 125g
설탕 86g
강력분 16g
아몬드파우더 95g
슈거파우더 적당량

실온에 꺼내둔다.

손으로 비벼서 체에 내린다.

〈프람보아즈 가나슈〉
다크초콜릿 134g
설탕 13g
산딸기퓌레 70g
물 36g
산딸기리큐르 20g
레몬즙 6g
버터 120g

물에 담가 불린다.

〈무스쇼콜라 프람보아즈〉
밀크초콜릿 228g
생크림 90g
우유 40g
프람보아즈 홍찻잎 10g
생크림(70% 정도 거품을 낸 것) 360g
젤라틴 6g
물 30g
산딸기 적당량

걸쭉한 상태로 거품을 내어 냉장고에 넣어둔다.

〈글라사주〉
물 150g
생크림 150g
설탕 150g
분말 글루코스(분말 물엿, 일반 물엿 가능) 15g
코코아파우더 75g
판젤라틴 10g

찬물을 부어 불린다.

다쿠아즈 만들기

1 볼에 달걀흰자, 설탕 86g을 3회에 나눠 넣어가며 중속으로 거품을 낸다. 어느 정도 거품이 나면 고속으로 올려서 거품을 낸다.

2 아몬드파우더와 강력분을 4~5회에 나눠 넣으면서 반죽용 주걱으로 섞는다. 가장자리는 고무주걱으로 다듬는다.

3 오븐팬에 베이킹시트를 깔고 ②의 반죽을 붓고 스패츌러를 이용해 넓게 펼친다.

4 위에 슈거파우더를 한 번 뿌리고 180℃로 예열한 오븐에서 10분간 굽는다. ⇨

 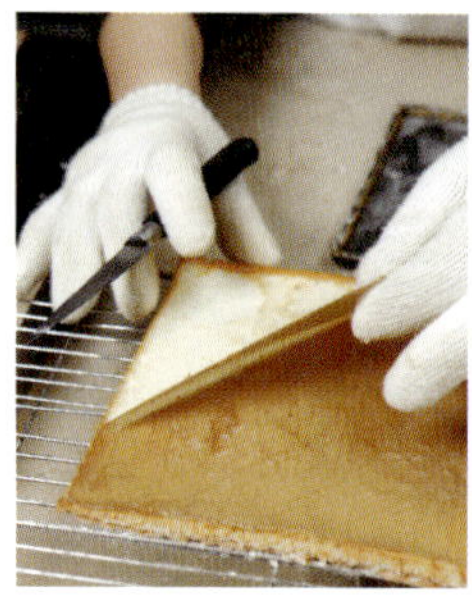 

5 오븐팬을 꺼내 틀
가장자리에 얇은 칼을 넣어
다쿠아즈를 분리한다.

6 식힘망에 다쿠아즈를
뒤집어놓고 베이킹 시트를
벗긴 후 식힌다.

7 지름 7cm 크기의 원 모양
틀로 12개를 찍어낸다.

프람보아즈 가나슈

8 볼에 프람보아즈 가나슈
재료인 다크초콜릿을
중탕해서 녹인다.

9 냄비에 설탕 13g,
산딸기퓌레, 물 36g을
넣고 끓인다.

10 ⑨를 볼에 쏟아 얼음물
위에 올려 식힌다.

11 식으면 산딸기 리큐르를 넣고 거품기로 젓는다.
온도가 높으면 리큐르 향이 날아가므로 충분히 식힌다.

12 중탕해서 녹인 ⑧의
초콜릿에 ⑪을 조금씩
나눠 넣고 충분히 섞는다.

13 ⑫에 레몬즙, 버터를 넣어 섞으면서 온도가 40℃ 이하로 떨어지지 않도록 한다.

14 ⑦의 다쿠아즈 안쪽에 ⑬의 가나슈를 바른다.

15 무스 쇼콜라 프람보아즈 재료인 밀크초콜릿을 중탕해서 녹인다.

16 냄비에 생크림 90g과 우유를 넣어 가볍게 끓인다. 불을 끄고 홍찻잎을 넣은 다음 뚜껑을 덮고 5분 동안 우려낸다.

17 홍찻잎을 걸러내고 95g을 잰다. 부족한 양은 생크림으로 채운다.

18 중탕으로 녹인 밀크초콜릿에 우려낸 홍차를 조금씩 넣으면서 분리되지 않도록 거품기로 충분히 섞는다.

19 중탕해서 녹인 젤라틴을 넣어 섞는다.

20 생크림 360g을 넣어 거품기로 섞는다.

21 원형 틀에 ⑳의 무스 쇼콜라 프람보아즈를 ⅔ 정도 붓는다. ⇨

22 산딸기 5개씩을 살짝 눌러가며 올린다.

23 나머지 반죽을 붓는다.

24 스패출러로 평평하게 윗부분을 다듬는다.

25 위에 ⑭의 다쿠아즈를 덮고 냉동실에 넣어 1시간 정도 굳힌다.

글라사주

26 냄비에 글라사주 재료인 생크림을 붓고 40℃ 정도로 온도를 맞춘다.

27 다른 냄비에 설탕 150g, 분말 글루코스를 넣고 물을 붓는다.

28 코코아파우더를 넣는다.

29 거품기로 섞은 다음 ㉖ 의 생크림을 섞는다. 냄비 바닥을 저어가며 한번 끓으면 불에서 내려 60℃ 정도로 식힌다.

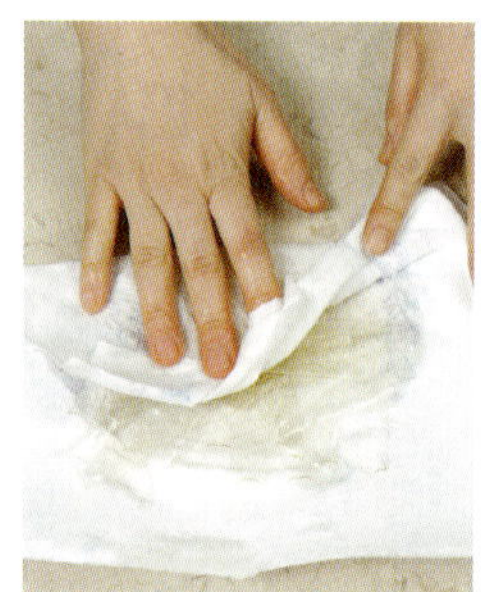

30 얼음물에 불린 판젤라틴은 키친타월에 놓고 물기를 제거한다.

31 ㉙에 젤라틴을 넣고 충분히 녹이며 섞는다. 냉장고에 하룻밤 넣어 두었다가 다음날 40℃ 정도로 다시 한번 믹서에 갈아서 사용한다.

데커레이션 하기

32 ㉕의 다쿠아즈를 틀에서 뺀 다음 식힘망에 올린다.

33 ㉛의 글라사주를 식힘망에 올린 다쿠아즈에 겉부분이 코팅되도록 붓는다.

34 위에 산딸기와 블루베리를 1~2개씩 올린다.

한 끼가 문화가 되는 시간
디 저 트

디저트는 더 이상 식사 후의 서브 메뉴. 혹은 특별한 날만 먹는 음식이 아닌 것 같아요.
색다른 디저트 하나 준비함으로써 함께 나누는 그 시간이 특별해지기도 합니다.
만든 이의 정성과 센스가 느껴지는 디저트를 앞에 두고 바로 일어나고 싶지 않지요.
그만큼 이야기는 풍성해지고 식사를 함께한 정情도 각별해지겠죠.

그렇다고 디저트 메뉴만 줄줄이 꿰고 있을 수도 없는 노릇.
맛과 시각적인 만족감. 입 안에 기분 좋은 여운이 남는 베스트 메뉴만 엄선했습니다.
쉽게 만드는 과일조림, 우유와 레몬즙으로 집에서 만드는 치즈, 케이크보다 쉬운
무스, 브라우니를 곁들인 아이스크림. 직접 만든 젤리 정도면 부담 없이 만들어 솜씨 자랑하기에
부족함이 없어요. 초대 음식으로도 좋지만 가족을 위한 행복 메신저가 되기도 합니다.

시나몬과일조림

🍴 4인분
⏰ 30분

플럼(마른 서양자두) 12개
마른 살구 12개
건포도 40g
설탕 30g
레드와인 2컵
시나몬스틱 1개
바닐라아이스크림 적당량

1 두꺼운 냄비에 레드 와인 2컵과 시나몬스틱을 넣어 한번 끓인다.

2 끓으면 서양자두, 살구, 건포도, 설탕을 넣어 뭉근하게 천천히 시간을 두고 끓인다.

3 국물이 졸아들면 불을 끄고 완전히 식힌다. 냉장고에 하루 정도 보관했다 아이스크림에 곁들여 낸다.

거봉포도요구르트무스

🍮 4인분

⏱ 30분

거봉포도 20알
설탕 20g
레몬즙 10g
물 5g

〈요구르트무스〉
플레인요구르트 100g
설탕 3큰술
가루젤라틴 5g
물 2큰술
생크림 ½컵

한데 섞어 불려놓는다.

부드럽게 거품을 낸다.

1 거봉포도은 껍질에 십자로 칼집을 내어 냄비에 담고 설탕, 레몬즙, 물을 넣어 약한 불에서 끓인다.

2 설탕이 녹으면 불에서 내려 식혀 체에 밭친다. 국물도 버리지 말고 두었다가 쓴다.

3 요구르트무스를 만든다. 볼에 플레인요구르트를 넣고 설탕을 넣어 섞는다.

4 불린 가루젤라틴을 뜨거운 물을 받쳐 중탕으로 녹인다.

5 ③의 요구르트에 ④의 젤라틴을 넣어 섞는다.

6 ⑤에 거품 낸 생크림을 넣고 섞는다.

7 거봉포도 껍질을 벗겨 컵에 담고 ⑥의 요구르트무스와 ②의 국물을 부어 낸다.

코티지치즈디저트

집에서 치즈를 만들 수 있다는 것 아세요?
우유와 레몬즙만 있으면 간편하게 만들 수 있고 바로 먹어도 담백하고 맛있어요.
치즈를 만들 때는 수분을 적절히 제거하는 것이 포인트.
치즈를 만들어 라즈베리시럽과 몇 가지 과일을 곁들이면 멋진 디저트가 됩니다.

4인분

1시간 10분

우유 500ml
생크림 100ml
플레인요구르트 100ml
레몬즙 ½개분
라즈베리시럽 적당량
오렌지·딸기·라즈베리·
허브 약간씩

1 냄비에 우유를 붓고
살짝 끓어오를 때
생크림을 붓고 불을 끈다.

2 ①에 플레인요구르트와
레몬즙을 넣는다.

3 한두 번 저어 중간 불에서
7분 정도 끓인다.
눋지 않게 살짝 젓는다.

4 몽글몽글 뭉치면 체에
면보를 깔고 붓는다.

5 수분이 자연스럽게 빠지도록 냉장고에 하루저녁
넣어둔다.

6 면보를 꼭 쥐어 물기를
빼고 모양을 잡는다.

7 접시에 라즈베리시럽을
놓고 ⑥의 치즈를 올린다.
과일과 허브로 장식한다.

tip

코티지치즈

우유와 레몬즙만 있으면
집에서도 쉽게 만들 수 있
는데 이 치즈를 코티지치
즈라고 합니다. 코티지치
즈는 냉장고에서 수분을
뺀 상태에서 한 숟가락씩
떠서 천으로 감싸면 작게
만들 수도 있어요. 동그랗
게 말아 꼭 쥐면 모양이
자연스럽게 잡힙니다.

코코넛무스와 망고무스

🍮 6인분
⏰ 30분

망고 1개 — 작게 썬다.
주레 약간

〈망고무스〉
망고퓌레 135g
달걀노른자 45g
설탕 45g
탈지분유 9g
가루젤라틴 7g
물 30g
화이트럼 18g
레몬즙 18g
바닐라에센스 9방울
생크림 135g

가루젤라틴에 분량의 물 중
1큰술만 부어 미리 불린다.

부드럽게 거품을 낸다.

〈코코넛무스〉
코코넛퓌레 180g
우유 80g
설탕 45g
가루젤라틴 6g
물 30g
생크림 160g
코코넛리큐르 15g
바닐라에센스 5방울

부드럽게 거품을 낸다.

코코넛무스 만들기

1 작은 냄비에 코코넛 퓌레와 우유를 섞어 담고 약한 불에서 따뜻하게 데운다.

2 ①을 큰 볼에 쏟고 불린 가루젤라틴과 설탕을 넣어 잘 녹인다.

3 체에 한 번 거른다. 젤라틴을 넣어 굳히는 요리는 뭉친 곳이 없도록 체에 한 번 거른다.

4 얼음물을 받쳐 중탕으로 식히면서 나머지 분량의 물과 코코넛리큐르를 넣고 섞는다.

5 바닐라에센스를 넣는다.

6 부드럽게 거품을 낸 생크림을 넣어 거품기로 잘 섞는다.

7 컵에 반 정도 차게 붓고 냉장고에 넣어 굳힌다.

8 작은 냄비에 망고퓌레를 넣어 따뜻하게 데운 다음 볼에 담고 달걀노른자, 설탕을 넣어 섞는다.

9 볼을 다시 불에 올려 거품기로 저어가며 80℃까지 가열한다.

10 불에서 내려 물에 불린 가루젤라틴을 섞는다.

11 탈지분유를 넣고 고루 섞는다.

12 체에 한 번 거른다.

13 얼음물을 받치고 중탕으로 식히면서 화이트럼과 레몬즙, 나머지 분량의 물을 붓고 섞는다.

14 바닐라에센스를 넣고 섞는다.

15 거품을 낸 생크림을 넣어 거품기로 섞는다.

16 ⑦의 컵에 붓고 냉장고에 넣어 굳힌다.

17 망고를 작게 잘라 주레를 녹여 섞은 후 위에 얹어 낸다.

커피무스

커피 대신 커피를 이용한 디저트는 어떨까요? 그럴 때 커피무스가 제격이죠.
진한 에스프레소가 없으면 인스턴트 커피를 물에 녹여 넣어도 괜찮아요.
우유와 커피를 섞을 때, 얼음물에 식힐 때 온도를 정확히 맞춰야 하므로 온도계를 사용하면 편리해요.
커피주레는 35~40℃일 때 무스에 붓습니다.

🥄 4~5인분

⏰ 30분

진하게 뽑은 에스프레소
10g(없으면 가루커피 5g+
물 10g을 녹여서 사용)
우유 80g
달걀노른자 44g
설탕 33g
가루젤라틴 4g
물 21g — 물을 부어 불려둔다.
커피에센스 5g
위스키 13g
화이트럼 4g
생크림 190g — 거품을 내어 냉장고에 넣어둔다.

〈커피주레〉
설탕 50g
물 75g
물엿 15g
커피에센스 2g

1 우유와 에스프레소를 섞어 작은 냄비에 붓고 80℃까지 가열한다.

2 다른 볼에 달걀노른자와 설탕을 넣어 거품기로 젓는다.

3 ②의 볼에 80℃로 데운 에스프레소와 우유 섞은 것을 넣으며 거품기로 섞는다.

4 불에 올려 다시 80℃까지 가열한다. 온도계를 꽂고 거품기로 저으며 온도를 정확히 맞춘다.

5 불에서 내리고 바로 불린 젤라틴을 넣어 섞는다.

6 ⑤를 체에 거르고 얼음물을 받쳐 중탕해서 40℃까지 온도를 내린다.

7 커피에센스, 위스키, 화이트럼을 넣어 섞는다.

8 볼을 내려놓고 거품을 낸 생크림을 3회에 나눠 넣으며 섞는다.

9 컵에 80% 정도 차도록 부어 냉장고에서 3시간 정도 굳힌다.

10 커피주레를 만든다. 작은 냄비에 물, 설탕을 녹여 불에 올리고 물엿을 넣는다.

11 커피에센스를 넣어 섞고 ⑨의 커피무스에 부어 냉장고에 보관한다. 주레가 너무 뜨거우면 무스가 녹는다.

주레프루츠

요즘 다이어트에 관심이 많다 보니 심플한 디저트가 인기예요.
주레프루츠는 과일과 젤리를 주사위 모양으로 썰어 작은 컵에 담아내는 간단한 디저트랍니다.
리큐르는 무스 재료가 식었을 때 넣어야 향이 날아가지 않아요.

🥣 4인분

⏲ 30분

수박·복숭아 적당량씩

〈산딸기무스〉
산딸기퓌레(프람보아즈
퓌레) 250g
설탕 60g
트레할로스 80g
판젤라틴 6.5g *상온의 물에 담가 불려서 쓴다.*
산딸기리큐르 15g
생크림 400g *미리 80% 정도 거품을 낸다.*

〈서양배큐브〉
서양배통조림 간 것 200g
물 112g
가루한천 12g
설탕 38g
서양배리큐르 37g *믹서에 과육을 넣고 국물을 조금만 넣어 간다.*

〈로즈큐브〉
설탕 110g
트레할로스 30g
가루한천 13g
물 250g
로즈리큐르 50g

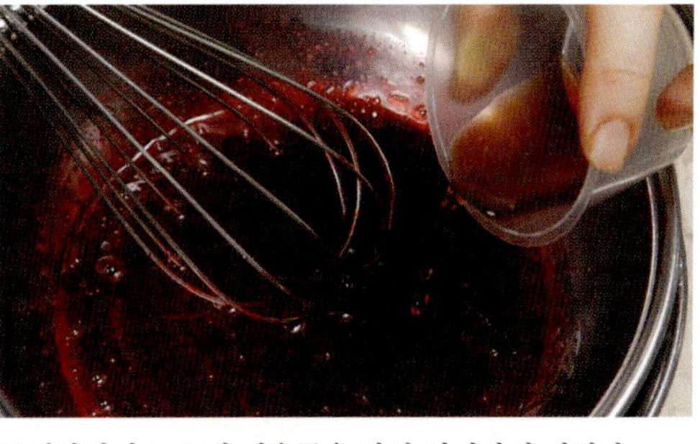

1 산딸기퓌레, 설탕, 트레할로스를 냄비에 넣고 따뜻하게 데운 다음 불려서 꼭 짠 판젤라틴을 녹인다.

2 젤라틴이 녹으면 얼음물을 받쳐 저어가며 식힌다. 45℃ 정도로 식으면 산딸기리큐르를 넣는다. 식지 않은 상태로 넣으면 향이 달아난다.

3 거품 낸 생크림을 섞어 컵에 50g 정도씩 담아서 냉장고에 넣어 굳힌다.

4 냄비에 서양배큐브 재료를 모두 넣고 약한 불에서 따뜻할 정도로 데운다.

5 넓은 용기에 쏟아 냉장고에 넣어 굳으면 작은 주사위 모양으로 자른다.

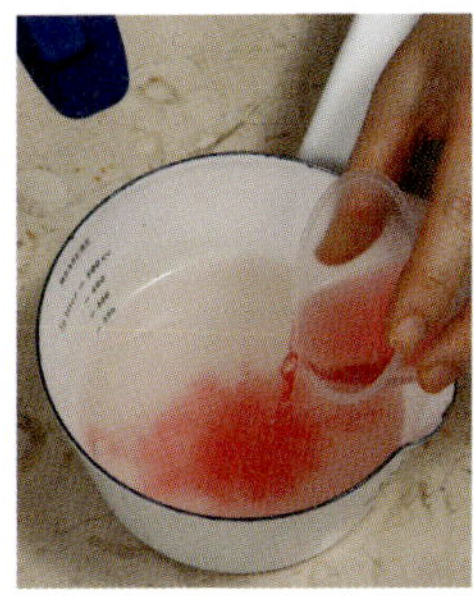

6 로즈큐브를 만든다. 냄비에 설탕, 트레할로스, 한천을 섞고 물을 부어 녹인다. 거품기로 저으며 한번 끓인 다음 식으면 로즈리큐르를 섞는다.

7 넓은 바트에 부어 냉장고에 넣어 굳힌 다음 작은 주사위 모양으로 썬다.

8 수박과 복숭아는 씨를 빼고 작은 주사위 모양으로 잘라 준비한다.

9 산딸기무스를 담은 ③의 컵에 준비한 과일, 로즈큐브, 서양배큐브를 얹어 낸다.

멜론코코넛

버블티에 넣는 타피오카는 물에 불리면 찹쌀처럼 쫄깃해서 음료나 디저트에 사용하기 좋아요.
요즘은 알갱이 크기나 색깔도 다양하게 나온답니다.
타피오카와 멜론, 코코넛 국물로 상큼하고 달콤한 디저트를 쉽게 만들어보세요.

4인분

10~15분

멜론 ¼개
타피오카 30g
코코넛밀크퓌레 250g
우유 50g
설탕 60g
바닐라에센스 5방울
코코넛리큐르 10g

1 타피오카는 미리
미지근한 물에
담가 불린다.

2 볼에 코코넛밀크,
우유, 설탕을 섞고
바닐라에센스와
코코넛리큐르를 넣는다.

3 멜론은 동그랗게 볼
모양으로 떠낸다.

4 컵에 멜론을 담고 ②의
코코넛 국물을 부은 다음
불린 타피오카를 얹어 낸다.

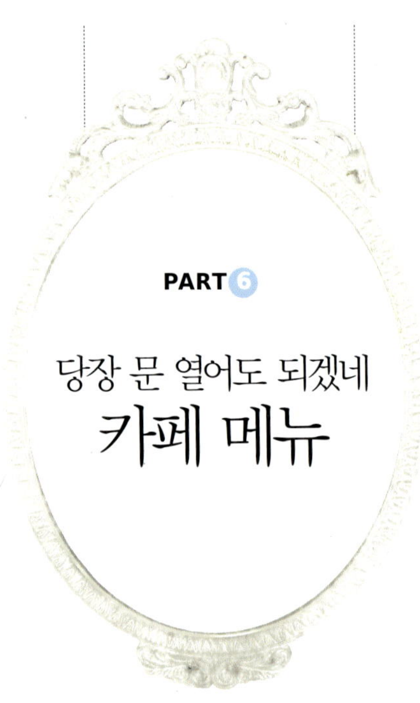

당장 문 열어도 되겠네
카페 메뉴

요즘은 차뿐 아니라 간단한 음식을 함께할 수 있는 카페가 인기죠.
카페 메뉴는 조리 과정이 복잡하지 않은 것, 카페의 콘셉트에 부합하는 것이
좋아요. 아무래도 커피와 차를 파는 곳이니 일반 음식점처럼 번잡스러우면
안 되니까요. 카페를 운영했던 저의 경험을 바탕으로 어렵지 않으면서
많은 사람이 선호하는 메뉴 위주로 골라봤습니다.

가볍게 차와 곁들이기 좋은 와플과 빵부터 한 끼 식사로 좋은
샌드위치, 밥, 샐러드까지 선택의 폭도 넓어요. 잘 만든 음식 하나가 인기를 끌면
단골 손님 생기는 건 시간문제랍니다. 제대로 발효한 반죽으로 만든 와플, 오븐에 구운 도넛,
즉석에서 튀기는 추러스나 크로켓, 치즈딥에 찍어 먹는 프라이드치킨 같은 메뉴는
간단하지만 차별화된 아이템이 될 거예요. 카페가 아니더라도 집에서 꼭 한번 만들어보세요.
홈메이드 스타일의 카페 요리는 든든한 간식으로, 센스 있는 브런치와 안주로,
또 부담 없는 티타임 메뉴로 응용하기에 딱 좋아요.

베리와플

🥧 지름 18cm 4개분
⏱ 35~45분

달걀 1½개
강력분 100g
박력분 100g   한데 섞어 체에 친다.
설탕 2큰술
인스턴트 드라이이스트 1½작은술

물 130~140g
소금 ⅓작은술
버터 70g
반건조 블루베리 80g   뜨거운 물에 데쳐 물기를 빼둔다.

1 작은 냄비에 버터를 넣고 불에 올려 녹인다.

2 볼에 체에 친 가루를 반만 넣고 설탕, 이스트, 달걀, 물을 넣고 나무주걱으로 고루 섞는다.

3 나머지 가루와 소금을 넣고 섞는다.

4 ①의 버터를 조금씩 넣으며 섞는다.

5 반죽이 매끄러워지면 블루베리를 넣고 섞는다.

6 깨끗한 유리 볼에 반죽을 담고 랩을 씌워 40℃에서 25~35분간 발효시킨다.

7 발효가 완료되면 와플기에 기름을 살짝 바르고 반죽을 부어 굽는다. 아이스크림과 과일을 얹어 장식한다.

벨기에와플

벨기에와플은 빵 반죽과 비슷해요. 동글동글하게 모양을 잡은 다음 와플기에 놓고 눌러 손바닥만 하게 만들면 됩니다.
와플은 따뜻할 때 먹어야 맛있으니 반죽을 미리 준비해 즉석에서 구워 냅니다.
특히 벨기에와플에는 별사탕처럼 생긴 우박설탕을 넣어야 맛있답니다.

지름 10cm 6개분

40~50분

달걀 ½개
달걀노른자 1개
강력분 80g
박력분 80g
드라이이스트 1작은술
설탕 2큰술
탈지분유 1작은술
물 40~50g
소금 ½작은술
버터 50g
우박설탕 40g

한데 섞어 체에 친다.

실온에 둔다.

1 볼에 밀가루 분량의 반을 담고 탈지분유, 이스트, 설탕, 달걀, 달걀노른자, 물을 넣고 나무주걱으로 섞는다.

2 나머지 가루, 소금, 버터를 넣고 섞는다.

3 작업대에 반죽을 쏟아 한 덩어리가 되도록 힘있게 치댄다.

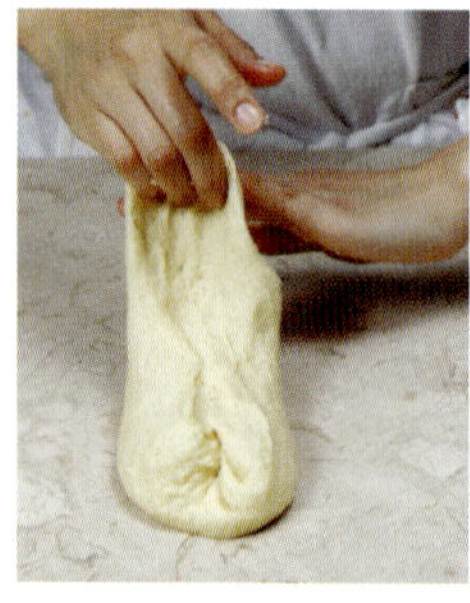

4 바닥에 탁탁 내리치고 반을 접으며 반죽한다.

5 반죽을 손으로 대강 펼쳐서 우박설탕을 넣고 돌돌 만다. 몇 번 더 치댄 다음 동글린다.

6 볼에 담고 랩을 씌워 40℃에서 15~20분간 1차 발효한다.

7 발효된 반죽을 몇 번 주물러 가스를 빼고 6개로 나눈 다음 하나씩 동글려 실리콘페이퍼에 간격을 두고 놓는다. 젖은 천을 덮어 40℃에서 20분간 2차 발효한다.

8 와플기의 가운데 부분에 반죽을 하나씩 놓고 눌러서 굽는다.

키슈

빵은 퍽퍽하고 케이크는 달고, 뭘 먹을까 고민스러운 날이 있지요.
그런 날 딱 좋은 메뉴가 키슈예요.
채소와 햄, 달걀을 넣어 두툼하게 구우면 모양도 좋고 먹음직스럽지요.
치즈는 반드시 에담치즈와 그뤼에르치즈를 넣어야 제맛이 납니다.
시트를 구울 때 작은 돌을 이용해 바닥이 뜨지 않도록 누르는 것도 비법이에요.

🍥 지름 18cm 원형 틀 1개분
🍞 200℃, 15분 + 윗면이 노릇해질 때까지

햄 120g — 사방 1cm 크기로 썬다.
느타리 55g
아스파라거스 5～6개
에담치즈 15g — 반 갈라서 다시 2등분한다.
그뤼에르치즈 45g
올리브유 약간
작은 돌(오븐에 굽는 용) 적당량

먹기 좋게 찢는다.
간다.

〈파트 브리제〉
물 35g
설탕 5g
소금 3g
달걀 36g — 사방 1cm 크기로 썰어 냉장고에 차갑게 둔다.
버터 60g
박력분 60g
강력분 70g — 한데 섞어 체에 내려 냉장고에 둔다.
아몬드파우더 15g

〈아파레이유〉
달걀 55g
달걀노른자 20g
사워크림 20g
생크림 30g
요구르트 25g
탈지분유 5g
후춧가루·흰후춧가루 약간씩
너트메그·소금 약간씩

*오븐을 예열할 때 작은 돌을 넣어 뜨겁게 달궈둔다.

1 푸드프로세서에 가루와 버터를 넣고 버터가 0.1cm의 작은 알갱이가 될 때까지 간다.

2 ①을 볼에 쏟고 물, 설탕, 소금을 섞고 차가운 달걀을 조금씩 넣으면서 스크래퍼로 가볍게 섞는다.

3 수분이 스며들면 손으로 뭉쳐 한 덩어리로 만들어 비닐봉지에 넣고 반드시 냉장고에서 하루 정도 휴지한다.

4 냉장고에서 반죽을 꺼내 밀대로 고루 두드려 부드럽게 한다.

5 반죽을 0.3cm 두께로 밀어 틀에 넣는다.

6 반죽을 틀 안쪽에 붙이고 밀대로 윗면을 밀어 여분을 잘라낸다.

7 손으로 가장자리를 꼼꼼하게 다듬어 옆면에 밀착시킨다.

8 여분은 칼등으로 잘라낸다.

9 포크로 바닥에 군데군데 구멍을 내고 냉장고에 넣어 반드시 30분 정도 휴지한다.

10 휴지한 반죽 위에 종이를 깔고 뜨겁게 데운 돌을 얹는다. 200℃로 예열한 오븐에서 시트가 바삭하고 힘이 있도록 15분간 먼저 굽는다. 돌로 누르지 않으면 바닥이 뜬다.

11 구운 시트는 한 김 식혀 달걀노른자를 고루 바른다.

12 필링을 만든다. 볼에 달걀, 달걀노른자를 먼저 풀고, 사워크림, 생크림, 요구르트를 차례대로 섞는다. 소금과 탈지분유를 넣는다.

13 흰후춧가루, 후춧가루, 너트메그를 갈아 넣는다. 1~2일 전 만들어 숙성해놓으면 좋다.

14 팬에 올리브유를 살짝 두르고 채소와 햄을 각각 볶는다.

15 ⑪의 구운 시트 안에 볶은 채소와 햄을 넣고 ⑬의 필링을 붓는다.

16 후춧가루, 에담치즈, 그뤼에르치즈 간 것을 조금 뿌려 오븐에서 윗면이 노릇해질 때까지 굽는다.

스콘과 잼

🥧 지름 5cm 12개분

🍰 170℃, 25~30분

박력분 250g
강력분 125g
베이킹파우더 15g
버터 90g
소금 3g
설탕 30g
우유 135g
달걀 1½개

섞어서 체에 내려 냉장고에 둔다.

사방 1cm 크기로 썰어 냉장고에 차갑게 둔다.

섞어둔다.

1 푸드프로세서에 가루와 차가운 버터를 넣고 버터가 쌀알갱이만 하게 되도록 간다.

2 볼에 ①을 붓고 설탕, 소금을 섞는다. 달걀과 우유 섞은 것을 3~4회에 나눠 넣으면서 반죽한다. 반죽 상태를 봐가며 양을 조절한다.

3 작업대에 반죽을 쏟아 손으로 한 덩어리가 되도록 모은다. 손바닥으로 눌러가며 네모지게 만든다.

4 스크래퍼로 반을 잘라 한쪽을 위로 올리고 손바닥으로 지그시 누른다.

5 다시 반을 잘라 포개어 지그시 누른다. 너무 세게 누르면 스콘이 부풀지 않는다. 적당히 반복하고, 너무 오래 반죽하지 않는다.

6 가루가 나지 않고 한 덩어리가 되면 밀대로 꾹꾹 눌러 반죽을 다진다.

7 바트에 덧가루를 뿌리고 반죽을 올린 다음 랩을 씌워 냉장고에서 30분 이상 휴지한다.

8 반죽을 꺼내 1.5cm 두께로 민다. 모양 틀에 밀가루를 묻혀가며 반죽을 찍어 오븐팬에 올린다.

9 남은 반죽도 함께 올려 170℃로 예열한 오븐에서 25~30분간 굽는다.

홈메이드 잼 스콘과 어울리는 잼을 집에서 직접 만들어보세요. 루바브와 라즈베리는 우리나라에 아직 생소하지만 잼을 만들면 고급스럽고 독특한 맛이 납니다. 루바브는 붉은색 셀러리처럼 생겼는데 새콤한 듯 단맛이 나는 특이한 채소예요. 라즈베리는 잼을 만들어두면 케이크를 만들 때도 유용합니다. 수입식품점이나 인터넷을 통해 냉동제품을 구입할 수 있습니다.

라즈베리잼 냉동 라즈베리 200g, 설탕 100g, 펙틴 5g을 냄비에 넣고 끓인다. 끓으면서 라즈베리가 풀어지고 농도가 생기면 불에서 내려 식힌다.

루바브잼 냉동 루바브 100g, 설탕 30g, 펙틴 5g을 넣고 끓인다. 5분 정도 끓여 잼에 농도가 생기고 루바브가 부드럽게 풀어지면 불에서 내려 식힌다.

오렌지마멀레이드 오렌지를 소금으로 문질러 깨끗이 씻어 데쳐서 껍질째 얇게 썬다. 냄비에 과육과 껍질을 함께 넣고 설탕 100g, 펙틴 5g을 넣어 끓인다. 약한 불로 뭉근하게 끓여 농도가 생기면 식혀서 병에 담는다.

추러스

추러스는 스페인 간식이에요. 반죽을 짤주머니에 담아 튀김기름에 직접 짜 넣어 노릇하게 튀겨보세요.
극장에서 파는 것과 달리 즉석에서 만드는 정통 추러스랍니다. 이때 기름 온도는 중온을 유지합니다.
추러스에는 진한 핫초코가 잘 어울려요.

🥮 12개분

⏰ 20분

버터 40g
우유 100g
설탕 2g
소금 2g
박력분 80g
달걀 72g
라임제스트 약간
튀김기름 적당량
설탕·슈거파우더 약간씩

1 냄비에 버터, 우유, 설탕, 소금을 넣고 한번 끓인다.

2 바글바글 끓으면 불에서 내려 박력분을 섞는다.

3 나무주걱으로 저어 한 덩어리가 되면 다시 불 위에 올려 계속 저으면서 볶는다.

4 볼에 반죽을 한 주걱 떠 넣고 달걀을 조금씩 넣으며 핸드믹서로 섞는다.

5 다시 반죽과 달걀물을 조금씩 더하며 섞는다. 모두 섞일 때까지 반죽하고 라임제스트도 넣는다.

6 부드럽게 섞인 반죽은 짤주머니에 별 모양 깍지를 끼우고 담는다.

7 중온의 튀김기름에 반죽을 짜 넣는다. 원하는 길이로 짜서 가위로 잘라가며 넣는다.

8 다 튀겨지면 기름에서 건져 설탕을 묻힌다.

구운 도넛

🥡 6개분

📟 170℃, 15분

박력분 100g
베이킹파우더 3g
아몬드파우더 15g
쇼트닝 10g
설탕 70g
소금 0.5g
생크림 30g
우유 25g
달걀 60g
바닐라에센스 약간
레몬제스트 ½개
버터 50g — 녹인다.
아이싱 적당량

1 볼에 쇼트닝을 거품기로 부드럽게 풀고 설탕, 소금, 생크림을 순서대로 넣으며 섞는다.

2 우유와 달걀도 천천히 섞으면서 넣는다.

3 바닐라에센스를 몇 방울 넣고 레몬제스트를 곱게 다져 넣는다.

4 박력분과 베이킹파우더를 한꺼번에 넣고 섞는다.

5 아몬드파우더를 넣고 섞는다.

6 녹인 버터를 천천히 부으며 섞는다.

tip

도넛 아이싱하기

슈거파우더에 레몬즙과 우유를 섞어 아이싱을 만들어 도넛을 장식하세요. 아이싱을 전체적으로 덮을 때는 아이싱을 조금 묽게 만들어 살짝 담갔다가 꺼내면 깨끗하게 입혀집니다. 아이싱이 굳을 때까지 기다렸다가 다른 색 아이싱을 만들어 종이로 만든 짤주머니에 넣어 원하는 모양을 그려요. 식용색소를 조금씩 넣어 원하는 색을 만들어도 괜찮아요. 뜨거운 물에 담가서 사용하는 펜 형태의 아이싱 제품도 편리하답니다.

7 짤주머니에 반죽을 담아 도넛 틀에 80% 정도 채운다.

8 170℃로 예열한 오븐에서 15분간 굽고 꺼내어 식힘망에 올려 식힌다. 완전히 식으면 원하는 모양으로 아이싱을 한다.

네 가지 스프레드

스프레드는 빵에 발라 먹지만 잼이나 버터와 달리 든든하답니다.
프랑스의 파테처럼 다양한 재료로 만들 수도 있어요. 콩이나 햄을 갈아서 만들면 안주로도 잘 어울리지요.
손님을 여러 명 초대했을 때 기다리면서 먹기 좋은 파티 음식으로도 좋아요.

콩 스프레드

이집트콩 150g
월계수잎 1장
양파 ¼개
사과식초 1큰술
생크림 50g
씨겨자 1큰술
올리브유 4큰술
파슬리 약간

허브크림치즈

크림치즈 200g
소금 4g
마요네즈 80g
꿀 20g
허브(처빌, 루콜라,
이탈리언파슬리) 약간씩

햄 스프레드

햄 100g
양파 40g
버터 20g
마요네즈 10g
파슬리·후춧가루 약간씩

치즈 스프레드

고르곤졸라치즈 100g
생크림 30g
다진 셀러리 20g
다진 호두 20g
꿀 2큰술
이탤리언파슬리 약간
후춧가루 약간

1 냄비에 콩을 담고
콩이 잠길 정도의
물을 붓고 월계수잎을
넣는다. 부드럽게 삶아
푸드프로세서에 넣고
양파, 파슬리, 식초, 생크림,
씨겨자, 올리브유를
넣어 간다.

1 볼에 실온에 둔
크림치즈를 넣어 거품기로
풀고 소금, 마요네즈,
꿀, 허브를 곱게 다져
넣는다. 모든 재료를
푸드프로세서에 넣어
갈아도 편리하다.

1 푸드프로세서에 햄과
양파를 썰어 담고 버터는
실온에 두었다가 넣는다.

1 고르곤졸라치즈는
부드럽게 푼다. 꿀, 파슬리를
다져 넣고 푸드프로세서에
담는다.

2 콩의 상태에 따라
너무 되직하지 않도록
올리브유로 농도를 맞춘다.

2 마요네즈, 파슬리,
후춧가루를 넣어 곱게
간다.

2 치즈, 생크림, 다진
셀러리, 호두를 넣어 갈고
후춧가루로 간한다.

사과고구마스프링롤

사과는 얇게 썰어 조리고, 고구마는 익혀 부드럽게 으깨 넣어요.
속 재료를 모두 익혀 넣기 때문에 겉만 바삭하게 살짝 튀기면 됩니다.
속 재료는 다른 것을 응용해도 괜찮아요.
만들기도 간단하고 아이들이 좋아하는 간식이라 두루 요긴하게 활용할 수 있어요.

🍘 20개
🕐 30분
🔲 180℃, 15~20분

고구마 300g
버터 30g
설탕 70g
달걀노른자 1개
생크림 1큰술
다크럼 1큰술 ┈ 물에 갠다.
춘권피 10장
밀가루 약간
튀김기름 적당량

〈사과조림〉
사과 2개 ┈ 껍질을 벗겨 얇게 썬다.
버터 20g
설탕 2큰술

1 고구마는 포일에 싸서 180℃로 예열한 오븐에서 익혀 껍질을 벗긴다. 15~20분이면 익는다.

2 볼에 고구마를 으깨고 버터, 설탕, 달걀노른자, 생크림, 럼을 넣어 주걱으로 섞는다.

3 팬에 버터를 넣고 사과를 넣어 진한 갈색이 되지 않게 5분 정도 볶은 후 설탕을 넣고 볶아 식힌다.

4 춘권피를 깔고 사과 조린 것을 한 줄로 놓고 짤주머니에 ②의 으깬 고구마를 담아 짠다.

5 돌돌 말아 끝부분에 밀가루 갠 물을 발라 붙인다.

6 170℃로 달군 기름에 노릇하게 튀겨낸다.

---

tip

춘권피

스프링롤이라고도 하는 춘권은 종이처럼 얇은 반죽입니다. 냉동식품 코너에 있는데 떼어낼 때 주의해야 해요. 상온에서 30분~1시간 정도 해동한 다음 처음부터 한 장씩 떼려고 하지 말고 10장 정도 한꺼번에 떼어낸 다음 한 장씩 떼세요. 그러면 찢어지지 않고 살살 떼어낼 수 있어요.

크로켓

🍘 20개
⏰ 30분

감자 500g
작은 새우 100g *다져서 화이트와인에 재워둔다.*
화이트와인 ½큰술
닭다릿살 200g *다진다. 커터에 곱게 간다.*
양파 ½개
앤초비 1큰술
밀가루·빵가루·달걀·
튀김기름 적당량씩
파슬리 줄기 약간 *5cm 정도로 자른다.*

〈양념〉
파르메산치즈 ⅓컵(간 것)
사워크림 ¼컵
이탈리언파슬리 ¼컵 *다진다.*
소금 1작은술
후춧가루 약간

1 감자는 삶아서 뜨거울 때 껍질을 벗기고 으깬다.

2 팬에 기름을 두르고 양파, 앤초비를 넣고 볶은 다음 닭고기, 새우순으로 넣고 강한 불에서 수분을 날려가며 볶아서 식힌다.

3 ①의 볼에 ②와 사워크림, 이탈리언파슬리, 파르메산치즈 간 것을 섞는다. 소금, 후춧가루로 간한다.

4 양손에 물을 약간 묻힌 다음 반죽을 먹기 좋은 크기로 동그랗게 빚는다.

5 밀가루를 묻힌다.

6 달걀을 풀어 ⑤를 넣고
달걀물을 입힌다.

7 빵가루를 입힌다.

8 중온의 기름에서 갈색이
나도록 튀긴다.

9 튀김망에 건져 기름을
빼고 파슬리 줄기를
가운데에 일자로 꽂아 낸다.

앤초비

앤초비는 지중해에서 잡히는 멸치
류 생선으로 소금에 발효시킨 젓갈
종류다. 샐러드와 파스타는 물론 피
자에까지 폭넓게 사용하는 이탈리아
대표 양념이며, 짭조름한 맛이 입맛
에 활력을 준다.

사모사

카레가루에 버무린 감자와 콩, 고기를 넣은 인도식 튀김 만두입니다.
애피타이저로 먹기도 하지만 간식이나 술안주로도 제격이랍니다.
반죽하기도 간단하고 삼각형이라 만드는 재미도 있어요. 사모사는 따뜻할 때 먹어야 맛있어요.

🍚 4인분
⏰ 40분

감자 4개 — 사방 1cm 크기로 썬다.
강낭콩 또는 완두콩 ½컵 — 소금물에 데쳐낸다.
닭가슴살 100g — 완두콩 크기로 잘게 썬다.
매운 고추 2개 — 곱게 다진다.
생강 약간 — 강판에 곱게 간다.
큐민파우더 ¼작은술
레드칠리파우더 ¼작은술
카레가루 ½작은술
치킨스톡 1개 — 으깨어 가루를 낸다.
소금 약간
튀김기름 적당량

〈반죽〉
밀가루 2컵
샐러드유 2작은술
소금 약간
끓는 물 90~100g

1 끓는 물에 샐러드유, 소금을 섞어 밀가루에 붓고 손으로 뜯듯이 힘있게 반죽한다.

2 반죽을 뭉쳐 비닐에 담아 30분간 상온에서 휴지한다.

3 팬에 기름을 두르고 닭고기, 고추, 생강, 큐민파우더, 레드칠리파우더, 카레가루를 넣고 볶는다.

4 ③에 감자를 넣고 볶는다. 감자가 거의 익으면 치킨스톡, 소금, 콩을 넣고 볶아 식힌다. 한번 더 튀길 것이므로 약간 덜 익어도 괜찮다.

5 ②의 반죽을 적당히 떼어 동그랗게 빚은 다음 작업대에 덧가루를 뿌리고 밀대로 손바닥보다 크게 민다.

6 칼로 반을 자른다.

7 ④의 채소를 담고 직선으로 잘린 면부터 모아서 붙인다.

8 삼각형으로 모양을 잡아 포크로 가장자리를 꾹꾹 눌러 여민다.

9 기름에 노릇하게 튀긴다. 속재료가 익었으므로 따뜻할 정도만 익히면 된다.

CEUX QUI NE DÉSI

감자그라탱

감자를 얇게 썰고 우유, 생크림, 치즈를 넣어 만든 감자그라탱은 누구나 좋아하는 인기 메뉴예요.
입 안 가득 퍼지는 고소한 맛이 일품이지요.
치즈는 그뤼에르치즈와 에담치즈 두 가지를 넣어야 맛있어요.
너트메그도 조금 넣어보세요. 맛이 한층 더 좋아져요.

🍚 4인분

180℃, 20분

감자 700g
우유 170g → 껍질을 벗긴다.
생크림 130g
사워크림 30g
그뤼에르치즈 70g
에담치즈 20g → 갈아서 가루로 만든다.
다진 마늘 15g
너트메그·
후춧가루·버터 약간씩

1 오븐용 그릇에 버터를 칠한다.

2 감자는 껍질을 벗겨 끓는 물에 반쯤 익힌 다음 0.7cm 두께로 썬다. 생감자로 하면 잘 안 익는다.

3 그릇에 삶아 썬 감자를 서너 겹 깐다.

4 우유, 생크림, 사워크림을 고루 붓는다. 우유는 감자의 상태에 따라 조절할 수 있도록 조금 남겨도 좋다.

5 그뤼에르치즈와 에담치즈를 고루 뿌린다.

6 후춧가루를 약간 뿌리고 너트메그를 갈아서 고루 뿌린다.

7 다진 마늘을 고루 얹고 포일을 덮어 180℃로 예열한 오븐에서 20분간 굽는다. 감자가 수분을 모두 흡수하면 우유와 크림 섞은 것을 조금 더 부어서 굽는다.

프라이드치킨과 브리치즈소스

닭날개를 튀김옷을 입히지 않고 가볍게 튀기면 맛이 한결 깔끔해요.
일반적인 치킨과 달리 치즈딥을 찍어 먹도록 만들면 맛이 색다르지요.
고르곤졸라치즈를 섞으면 풍미가 강하지만 닭고기와 아주 잘 어울립니다.

🥣 4인분
⏱ 30분

닭날개 20개
밀가루 50g
소금·후춧가루 약간씩
샐러드 채소 적당량
주황색 파프리카 1개
토마토 1개
튀김기름 적당량

〈소스〉
고르곤졸라치즈 80g
브리치즈 50g
마요네즈 100g
사워크림 50g
다진 양파 1큰술
레몬즙 10g
우스터소스·
타바스코소스·소금·
후춧가루 약간씩

소금, 후춧가루,
밀가루를 뿌려
잠시 재워둔다.

깨끗이
씻는다.

1cm 두께로
썬다.

한입
크기로
썬다.

1 볼에 소스 재료를 모두 넣고 거품기로 섞는다.

2 밀가루, 소금, 후춧가루에 재워둔 닭날개를 키친타월에 올려 수분을 제거한다.

3 닭날개를 튀김기름에 넣어 노릇하게 튀긴다.

4 식힘망에 올려 기름기를 뺀다.

5 접시에 채소를 담고 닭날개를 올린다.
①의 소스를 곁들여 낸다.

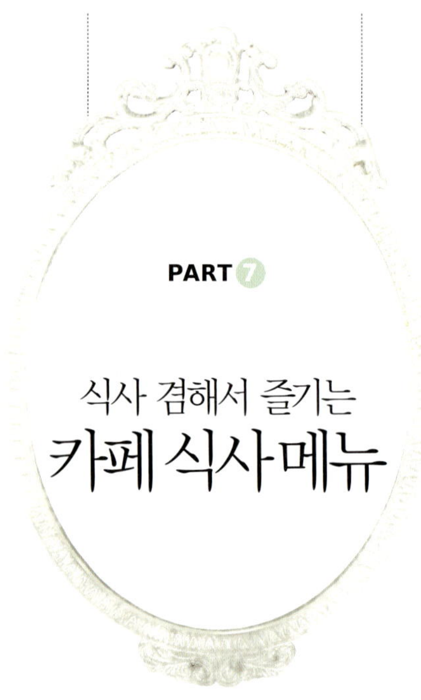

식사 겸해서 즐기는
카페 식사 메뉴

든든한 한 끼 식사가 되는 샐러드, 샌드위치, 밥 요리를 소개합니다.
우선 샐러드는 채소, 샌드위치는 식빵, 밥은 볶음밥… 이런 식의 고정관념을 버리세요.
샤브샤브용 쇠고기나 콩을 이용한 샐러드, 치아바타와 포카치아를 활용해 따뜻하게 혹은
차갑게 즐기는 샌드위치. 감자 대신 무를 넣거나 수분을 날려 고슬고슬한 카레,
스페인 쌀 요리인 파에야 등은 어떨까요.
피클만 곁들이면 훌륭한 한 끼 식사로 그만이죠.

하루에 한 끼는 간단하게 한그릇 음식으로 차리고 싶을 때
영양 면에서도 치우치거나 빠지지 않아 좋습니다.
무엇보다 남들 다 하는 평범함 메뉴가 아니라서 신선하고요.
만드는 것도, 먹는 것도 가벼운 만큼 즐겁지 않을까요.

파니니채소샐러드

채소를 구워 만드는 샐러드도 참 매력 있답니다.
채소를 큼직하게 잘라 올리브유만 묻혀 그릴에 구워보세요. 먹음직스럽고 손도 많이 안 가요.
샌드위치에 넣거나 파스타와 곁들여도 좋아요.

🍲 3~4인분
⏰ 30분

주키니호박 ½개
가지 2개
새송이 2개
파프리카(빨간색·주황색·노란색) 1개씩
연근 ⅓개
산마 ⅙개
단호박 ⅛통
마늘 1쪽
발사믹식초·올리브유 적당량

세로로 1cm 두께로 썬다.

껍질을 벗기고 1cm 두께로 썬다.

반을 갈라 씨를 빼내고 길게 2~3cm 폭으로 썬다.

씨를 제거하고 껍질째 1cm 두께로 썬다.

1 주키니호박과 가지는 어슷하게 1cm 두께로 썬다.

2 나머지 채소도 비슷한 두께로 준비한다.

3 파니니 그릴에 채소를 올리고 올리브유를 붓으로 발라 굽는다.

4 마늘을 칼등으로 툭 눌러 터뜨려 올리브유와 발사믹식초를 섞어 드레싱을 만든다. 마늘은 향만 내고 샐러드에는 넣지 않는다.

5 그릴 자국이 생긴 채소를 넓은 그릇에 담는다.

6 올리브유와 발사믹식초를 섞어 만든 소스를 부어 낸다.

쿠스쿠스샐러드

🍚 4인분

⏰ 30분

쿠스쿠스 200g
끓는 물 300g
올리브유 1큰술
소금 약간
토마토 120g
파프리카(주황색·빨간색)
½개씩
레몬(과육) 50g
양파 20g
건포도 60g
이탈리언파슬리 약간

씨를 제거하고
사방 0.5cm
크기로 썬다.

0.5cm
크기로
썬다.

과육만
잘게 썬다.

곱게
다진다.

〈드레싱〉
레몬즙 10g
올리브유 1작은술
샐러드유 1작은술
소금·후춧가루·
타바스코소스 약간씩

끓는 물에
넣었다가 건져서
수분을 닦는다.

1 볼에 쿠스쿠스를 담고
끓는 물을 붓는다.

2 올리브유, 소금을 약간 넣어 섞고 랩을 덮어 20분
정도 둔다. 다른 볼에 드레싱 재료를 모두 넣고 섞는다.

3 부드러워진 쿠스쿠스와
잘게 썬 채소에 드레싱을
넣어 버무린다.

tip

쿠스쿠스

쿠스쿠스(Couscous)는 이름도 맛
도 재미있는 북아프리카의 전통 식
재료입니다. 굵직한 곡물 가루처럼
생겼는데, 파스타를 만들 때 사용
하는 세몰리나(Semolina) 알갱이예
요. 뜨거운 물이나 스팀을 쐬면 금
방 보슬보슬하게 익기 때문에 조리
시간이 많이 안 걸리죠. 과일이나
우유를 곁들여 달콤한 음식을 만들기도 하고 죽이나 샐러
드로 만들어 먹어요.

닭다릿살샐러드

4인분
30분

닭다리(뼈째 큰 것) 2개
소금·후춧가루 약간씩
아스파라거스 5줄기
그린빈스 2~3줄기
노란 파프리카 1개
올리브유 약간

어슷썬다.

7cm 길이로 자른다.

껍질을 제거하고 0.7cm 너비로 채썬다.

〈닭고기 삶는 재료〉
밀가루 2큰술
소금 1큰술
화이트와인 ½컵
물 1컵
레몬슬라이스 3쪽
셀러리잎 약간
월계수잎 1장

〈드레싱〉
포도씨유 ⅓컵
화이트와인식초 3큰술
머스터드 ½작은술
소금·흰후춧가루 약간씩

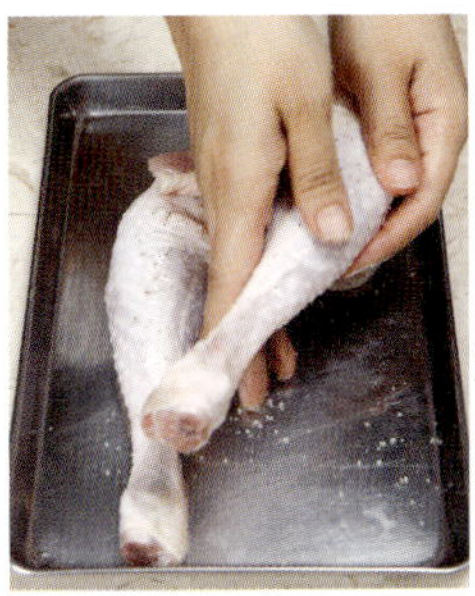

1 닭다리에 소금, 후춧가루를 고루 문질러 30분간 둔다.

2 냄비에 닭다리와 닭고기 삶는 재료를 모두 넣고 끓인다. 익으면 뚜껑을 덮고 그대로 두어 간이 배도록 한다.

3 닭고기를 건져 한 김 식힌 다음 껍질을 벗기고 살을 큼직하게 발라낸다.

4 팬에 기름을 두르고 그린빈스, 아스파라거스를 살짝 볶는다.

5 볼에 드레싱 재료를 모두 넣고 섞는다. 거품기로 섞어야 분리되지 않는다.

6 큰 볼에 파프리카, 닭다릿살, 그린빈스, 아스파라거스를 넣고 드레싱을 뿌려 섞는다.

찹샐러드

🍚 4인분

⏰ 10~15분

양상추 ¼개
통조림콩 ½컵
파프리카(주황색 · 빨간색 · 노란색) ¼개씩
오이 1개
셀러리 ¼대
양파 ½개
이탈리언파슬리 약간
견과류 약간

〈드레싱〉
올리브유 2큰술
레몬즙 1작은술
소금 ¼작은술
꿀 ½작은술
후춧가루 약간

사방 1cm 크기로 썬다.

0.5cm 크기로 썬 후 찬물에 한번 씻어 건진다.

채썬다.

1 통조림콩은 체에 밭쳐 물기를 제거한다.

2 파프리카는 씨를 제거하고 사방 1cm 크기로 썬다.

3 볼에 드레싱 재료를 모두 넣고 거품기로 잘 섞는다.

4 다른 볼에 준비한 채소를 모두 담는다. 상에 내기 직전에 ③의 드레싱에 버무려 접시에 담고 견과류를 뿌려 낸다.

달걀아보카도샐러드

간단하면서도 촉촉한 질감을 살린 달걀요리를 소개할게요.
달걀에 생크림을 섞고 부드럽게 풀어 프라이팬에 몽글몽글하게 익히세요.
달걀을 완전히 익히지 않고 물기가 보이게 반 정도만 익히는 것이 포인트예요.
여기에 아보카도를 넣은 샐러드를 곁들이면 멋진 브런치 메뉴가 됩니다.

🍚 2인분

⏰ 10~15분

달걀 2개
달걀노른자 1개
생크림 1큰술
아보카도 1개
레몬즙 1작은술
베이컨 1장
샐러드 채소 약간
빨간후추 약간
올리브유 1큰술
큼직한 빵 1조각
소금 약간

껍질을 벗기고 씨를 뺀 다음 먹기 좋게 썰어 레몬즙을 뿌려둔다.

도톰하게 썬다.

깨끗이 씻는다.

1 팬에 베이컨을 넣고 노릇하게 굽는다.

2 볼에 달걀, 달걀노른자, 생크림, 소금을 약간 넣고 잘 섞는다.

3 팬에 올리브유를 두르고 ②의 달걀을 붓는다. 젓가락 5~6개를 한번에 잡고 센 불에서 재빨리 섞어가며 익혀 몽글몽글한 상태로 만든다. 접시에 빵을 놓고 달걀을 얹은 다음 베이컨, 채소, 아보카도를 곁들인다. 소금, 올리브유, 빨간후추로 간한다.

샤브샤브 샐러드

🥣 2~3인분

⏱ 15~20분

쇠고기(샤브샤브용) 100g
적양파 100g
토마토 1개
셀러리 20g
고수잎 약간
상추 또는
다른 쌈채소 적당량

〈드레싱〉
피시소스 1큰술
라임즙 1½큰술
꿀 1작은술
다진 청양고추 약간
다진 마늘 ½작은술

1 작은 볼에 드레싱 재료를 모두 넣고 섞는다.

2 적양파는 얇게 슬라이스하고, 셀러리는 7cm 길이로 썰어 얇게 썬다. 토마토는 꼭지를 떼고 큼직하게 썬다.

3 볼에 적양파와 셀러리를 담고 슬쩍 섞는다.

4 끓는 물에 쇠고기를 넣어 익힌다. 옆에 얼음물을 함께 준비한다.

5 고기가 익으면 바로 건져 얼음물에 넣어 식힌다.

6 ③에 익힌 고기를 넣고 드레싱을 조금 섞어 고기와 양파, 셀러리에 간이 약간 배도록 둔다.

7 상에 내기 직전에 토마토, 고수잎, 상추를 넣고 나머지 드레싱을 부어 가볍게 섞는다.

파니니채소샌드위치

파니니 그릴에 빵과 채소를 따뜻하게 구워 샌드위치를 만들어보세요.
구우면 달콤한 맛이 나는 채소를 넣으면 한결 맛있어요.
햄이나 고기를 넣지 않아도 호박과 파프리카의 맛이 좋아 베지테리언에게 추천할 만한 메뉴입니다.

2인분
20분

허브 치아바타 2개
주키니호박·새송이·
파프리카·단호박 적당량씩
식용유 약간씩
올리브유·발사믹식초·
마른 허브 적당량씩

1 채소는 모두 1cm 두께로
썬다. 빵은 가운데를 가른다.

2 파니니 그릴에 채소를
올리고 붓으로 기름을
듬성듬성 발라 굽는다.
치아바타도 안쪽 면만
살짝 굽는다.

3 볼에 올리브유,
발사믹식초, 마른 허브를
넣고 섞어 소스를 만든다.

4 치아바타 가운데에 구운
채소를 올리고 ③의 소스를
뿌려 샌드위치로 낸다.

포카치아 연어 샌드위치

치아바타나 포카치아는 부드러우면서도 식빵보다는 힘이 있어 샌드위치를 만들기에 좋아요.
포카치아에 훈제연어를 올려 간단한 샌드위치를 만들 수 있어요.
간단하면서도 고급스러운 샌드위치가 됩니다.

1인분

10~15분

포카치아 1개
훈제연어 5~6쪽
레몬즙·양상추·채썬 양파·
케이퍼 적당량씩
허브크림치즈(크림치즈＋
생크림＋딜＋후춧가루)
적당량

1 포카치아를 반으로
가른다.

2 연어에 레몬즙을 뿌린다.

3 그릴에 포카치아를 올려
굽는다.

4 빵 한쪽에만
허브크림치즈를 바른다.

5 양상추를 손으로 뜯어
올리고 얇게 썬 양파,
케이퍼를 올린다.

6 위에 연어를 올리고 빵을
덮어서 낸다.

과일샌드위치

🥢 2~3인분

⏲ 20분

식빵 5장
키위 ½개
딸기 4개
바나나 1개
오렌지 1개
커스터드크림 적당량
생크림 적당량
꼬챙이 약간

가장자리를 잘라낸다.

〈과일소스〉
냉동 산딸기 10알
딸기 3개
레몬즙 1큰술
설탕 1큰술

거품 낸다.

으깬다.

* 과일은 잘게 자른다.

1 냄비에 레몬즙, 설탕, 으깬 딸기를 넣고 끓여 차갑게 식힌다.

2 식빵은 가장자리를 잘라내고 방망이로 살짝 눌러 민다.

3 빵에 커스터드크림을 바르고 가운데에 길게 거품 낸 생크림을 얹는다.

4 ③에 과일을 고루 올리고 돌돌 만다.

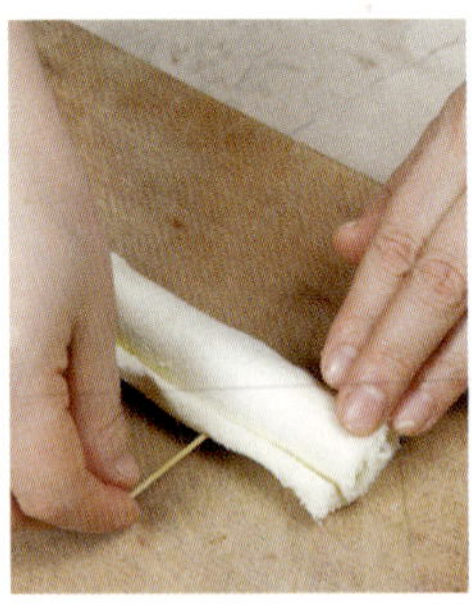

5 꼬챙이로 찔러 고정시킨다.

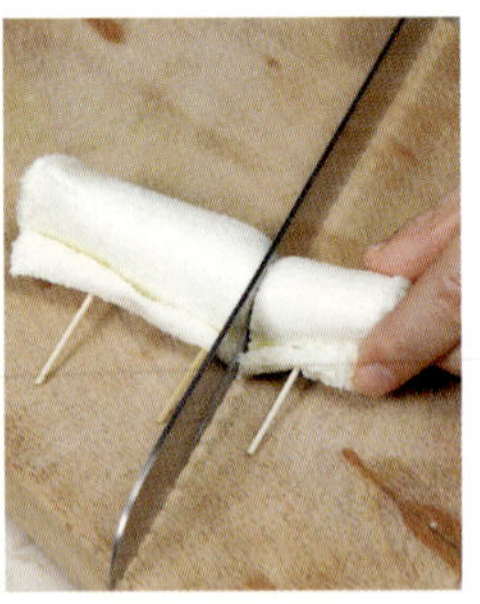

6 칼로 한입 크기로 썰어 낸다.

치킨도리아

🥢 4인분

⏱ 30분

밥 400g
닭다릿살 1쪽 — 한입 크기로 작게 자른다.
표고 3개
양송이 6개 — 반을 잘라 얇게 썬다.
양파 ½개
마늘 2쪽 — 다진다.
카레가루 2큰술
토마토케첩 1큰술
프레시 모차렐라치즈 적당량
이탈리언파슬리 약간
올리브유 약간 — 굵게 다진다.

〈화이트소스〉
밀가루 25g
버터 25g
우유 2½컵
너트메그·소금·
후춧가루 약간씩

1 화이트소스를 만든다. 냄비에 버터를 녹이고 밀가루를 넣어 볶는다.

2 뜨거운 우유를 조금씩 넣으면서 덩어리 없이 섞는다. 거품기를 이용해도 좋다. 소금, 후춧가루, 너트메그를 약간 넣는다. 한번 끓으면 내려놓는다.

3 팬에 올리브유를 두르고 양파, 마늘을 볶는다.

4 향이 나면 닭고기, 카레가루를 넣고 볶는다.

5 표고, 양송이를 넣고 볶는다. 이때 고기가 완전히 익어야 한다.

6 밥을 넣고 덩어리가 없게 잘 볶다가 토마토케첩을 섞는다.

7 오븐용 그릇에 밥을 담고 화이트소스를 뿌린다. 치즈를 듬뿍 얹어 오븐에 구워 파슬리를 뿌려 낸다.

발렌시아 파에야

🍲 4~5인분
⏰ 30분

쌀 1컵
흰살 생선 230g
양파 50g
닭다리(뼈 있는 것) 220g
햄 60g
토마토 90g
빨간 피망 ½개
새우 90g
오징어 1마리
바지락 1컵
홍합 5~6개
완두콩 1큰술
사프란 1¼작은술
물 약간
치킨스톡 1½개
소금 ⅓작은술
파프리카파우더 약간
소금·후춧가루·
올리브유 적당량

씻어서 바로 체에 밭친다.
두께 1.5cm, 길이 5cm로 썬다.
다진다.
살만 발라내어 먹기 좋게 썬다.
사방 1cm로 썬다.
사방 1cm로 깍둑썰기한다.
씨를 발라내고 사방 1cm로 썬다.
껍질을 제거한다.
링 모양으로 썬다.
옅은 소금물에 담가 해감한다.
소금물에 데친다.

1 사프란은 약간 뜨거운 물에 담가 색과 향을 낸다. 치킨스톡을 잘게 부숴 넣고 소금 ⅓작은술, 후춧가루를 조금씩 넣는다.

2 파에야 냄비를 달궈 올리브유를 두르고 약한 불에서 생선을 노릇하게 익혀 건져낸다.

3 ②에 양파, 닭고기, 소금을 넣고 볶는다.

4 쌀을 넣고 볶다가 햄, 토마토, 피망, 파프리카파우더를 넣고 볶는다.

5 ①의 사프란 우린 물을 조금씩 넣어가며 젓는다.

6 불을 약하게 줄이고 새우, 오징어, 바지락, 홍합을 넣어 뚜껑을 덮고 익힌다. 콩, 생선을 올리고 뜸을 들인다.

---

tip

사프란

사프란(saffron)은 붓꽃과에 속하는 식물인 사프란 크로커스(saffron crocus)꽃의 암술대를 건조시켜 만든 향신료다. 암술대는 3개이며 이 부분을 말려서 요리할 때 조미료로 쓰거나 염료로 쓴다. 지난 수십 년 간 무게로 따졌을 때 가장 비싼 향신료였던 사프란은 서남아시아가 원산지다. 사프란은 쓴맛, 그리고 요오드포름 또는 건초와 비슷한 향 기가 특색인데, 이는 피크로크로신(picrocrocin)과 사프라날(safranal) 이라는 화학물질 때문이다. 또한 카로티노이드(carotinoid) 색소와 크 로신(crocin)이라는 화학물질 때문에 음식에 넣었을 때 풍부한 황금빛이나 노란 색조를 띤 다. 이러한 특색 때문에 사프란은 전 세계적으로 수요가 많다.

드라이카레

말 그대로 수분이 적은 보슬보슬한 카레예요. 채소주스를 넣어 단맛이 강한 편이에요.
채소에 카레가루를 넣고 볶다가 수분을 날리는 것이 포인트.
시간을 두고 뭉근한 불에서 조리해야 고기가 까슬까슬하지 않고 부드러워요.

4~5인분

40~50분

다진 쇠고기 280g
토마토 1개 — 잘게 썬다.
양파 2개 — 다진다.
셀러리 1대
당근 ½개
마른 살구 다진 것 ⅓컵 — 잘게 썬다.
칠리파우더 1큰술
카레가루 2큰술
마살라파우더 1작은술
다진 마늘 1작은술
채소주스(시판용) 1컵
우스터소스 2큰술
양조간장 2큰술
소금 약간
깨소금 3큰술
올리브유 약간

* 이탤리언파슬리를 굵게 다져서 얹는다.

1 냄비를 달궈 기름을 두르고 다진 양파, 마늘을 넣어 볶는다.

2 향이 나면 고기를 넣고 볶는다.

3 카레가루, 마살라파우더, 칠리파우더를 넣고 섞는다.

4 당근, 셀러리, 마른 살구 잘게 썬 것을 넣고 볶는다.

5 간장, 우스터소스를 넣고 섞는다. 싱거우면 소금으로 간한다.

6 채소주스를 붓고 뚜껑을 덮어 뭉근한 불에서 30~40분간 익히며 수분을 날린다. 센 불에서 수분을 날리면 고기가 까슬까슬해진다.

7 토마토, 깨소금을 넣고 싱거우면 소금으로 간한다. 뜨거운 밥 위에 얹어 낸다.

무 카레

감자와 당근 대신 무를 넣은 카레는 어떨까요? 텁텁한 맛이 덜하고 소화도 잘된답니다.
카레가루를 먼저 볶고, 쇠고기를 밀가루에 주물러 볶다가 무와 물을 붓고 끓입니다.
무에서 수분이 나오기 때문에 물을 많이 붓지 않고 무를 푹 익혀야 맛있어요.
채소주스, 치킨스톡 등을 넣어 좀 더 풍부한 카레의 맛을 즐길 수 있어요.

4~5인분

30분

무 400g
쇠고기(등심) 200g
밀가루 1½큰술
소금·후춧가루 약간씩
양파 1개
마늘 2쪽 ┄ 다진다.
생강 1톨
카레가루 2작은술
채소주스(시판용) 1컵
물 1컵
치킨스톡 2개
우스터소스 1큰술
설탕 1작은술
버터 약간

사방 3cm 크기로 큼직하게 썬다.

1 무를 큼직하게 썬다.

2 쇠고기에 소금, 후춧가루, 밀가루를 넣어 주무른다. 밀가루가 카레의 농도를 맞춰준다.

3 냄비를 달궈 버터를 넣고 다진 생강, 다진 마늘, 카레가루를 넣고 볶는다.

4 굵게 다진 양파를 넣고 갈색이 나도록 볶아 향을 낸다.

5 양파가 익으면 고기를 넣고 볶는다.

6 무를 넣고, 채소주스와 물을 붓는다. 무에서 수분이 나오기 때문에 물을 많이 붓지 않는다.

7 뚜껑을 덮고 무가 충분히 익을 때까지 뭉근하게 끓인다.

8 치킨스톡, 우스터소스, 설탕을 넣어 간을 맞춘다.

키마카레

4~5인분
30분

쇠고기 간 것 200g
양파 1개
당근 ½개 — 사방 1cm 깍뚝썰기한다.
홀토마토 통조림 1캔
이집트콩 120g — 굵게 썬다.
마늘 약간
생강 약간 — 다진다.
버터 35g
파프리카파우더 12g
터메릭 26g
마살라 15g
카레파우더 3큰술
치킨스톡 1개
레드와인 ½컵
월계수잎 1장
소금·후춧가루 약간씩
이탈리언파슬리 약간

1 이집트콩은 미지근한 물에 3~4시간 담갔다가 부드럽게 삶아서 체에 건져낸다.

2 두꺼운 팬에 버터를 두르고 양파, 마늘, 생강을 넣어 향을 낸다. 쇠고기를 넣어 볶다가 당근을 넣어 볶는다. 한번 끓으면 콩을 넣는다.

3 ②에 토마토를 넣는다.

4 파프리카파우더, 터메릭, 마살라, 카레파우더, 월계수잎, 치킨스틱, 레드와인, 소금, 후춧가루를 넣어 중간 불에서 천천히 끓인다. 이탈리언파슬리를 올려 낸다.

인도풍
시푸드카레

값싸고 싱싱한 해산물을 넣은 색다른 카레예요.
독특한 향신료에 토마토퓌레와 요구르트까지 더해
정통 인도의 맛을 느낄 수 있어요.
해산물은 너무 익히면 질겨지니 살짝만 익히세요.

🍚 4~5인분
⏰ 30분

바지락 10개
새우(중하) 10마리
오징어 1마리
토마토통조림 1캔
플레인요구르트 ½컵
마늘 1작은술
생강 1작은술
양파 1개

시나몬스틱 ½개
월계수잎 1장
매운 고추 2개
올리브유 적당량
큐민파우더 1작은술
코리앤더파우더 1작은술
마살라 1큰술
터메릭 1작은술

옅은 소금물에 담가 해감한다.
껍질을 제거한다.
잘게 썬다.
다진다.
으깨어 체로 걸러 걸쭉한 퓌레 상태로 만든다.

1 냄비에 올리브유를 두르고 시나몬스틱, 월계수잎, 매운 고추를 넣어 향을 낸다.

2 양파를 넣어 갈색이 나도록 중간 불에서 볶는다. 생강, 마늘도 넣어 볶다가 큐민파우더, 코리앤더파우더, 마살라, 터메릭을 넣어 향을 낸다.

3 바지락을 넣고 섞은 후 뚜껑을 덮고 바지락이 입을 열 때까지 익힌다.

4 새우를 넣고 주걱으로 저으며 살짝 익힌 후, 오징어를 넣어 익힌다.

5 토마토퓌레와 요구르트를 넣고 섞은 다음 뚜껑을 덮고 익힌다.

채소마리네

치아가 약한 어른들은 피클도 딱딱하다고 싫어하시죠.
채소를 익혀서 올리브유에 담가 만드는 채소마리네를 준비해보세요.
베이스가 되는 양념과 오일, 식초를 넣고 끓이다가 채소를 넣어 데치듯 살짝 익혀 만듭니다.
냉장고에 넣어두고 3~4일간 먹는 것이 좋아요.

⏱ 10~15분

작은 양파 10개
미니 당근 10개
빨간 피망 1개
주황 피망 1개
주키니호박 1/4개
셀러리 1대
방울토마토 10개
콜리플라워·무·우엉·
연근 등 원하는
단단한 채소 적당량씩

* 채소는 모두
먹기 좋은 크기로 썬다.

〈마리네 주스〉
소금 2g
통후추 7g
월계수잎 3장
마늘 3~4쪽
올리브유 2큰술
와인식초 3큰술
물 700ml

1 냄비에 물을 붓고 끓으면 소금, 통후추, 월계수잎, 마늘, 올리브유, 와인 식초를 넣고 끓인다.

2 팔팔 끓으면 채소를 한꺼번에 넣고 데친다.

4 채소를 건져 병에 담고 채소가 잠길 정도로 뜨거운 국물을 붓는다.

3 끓으면 불을 끈다. 너무 익히면 안 된다.

피클

10~15분

콜리플라워·빨간 피망·야콘·셀러리·당근·무 등
원하는 채소 적당량씩
화이트와인식초 2컵
물 5컵
소금 2큰술
설탕 4작은술
통후추 10알
매운 고추 1개
월계수잎 1장

* 당근, 파프리카는 길게 썬다.

1 냄비에 물, 화이트와인식초, 설탕, 소금, 통후추, 월계수잎을 넣고 팔팔 끓인다. 매운 고추를 넣는다.

2 병에 콜리플라워, 손가락 크기로 길게 썬 당근, 길게 썬 피망, 셀러리, 무 등을 고루 담는다.

3 ②에 ①을 붓는다.

생강절임

햇생강이 나올 때면 꼭 만드는 요리입니다.
생강의 매운맛이 순할 때여서 이 시기에 만들면 맛있게 먹을 수 있죠.
생강에 식초, 물, 설탕, 소금을 넣고 절이기만 하면 됩니다.
고등어구이나 생선초밥에 곁들이면 좋아요.

⏱ 10~15분

생강 600g
식초 1컵
물 ½컵
설탕 1컵
소금 2작은술

1 생강은 0.1cm 두께로 얇게 슬라이스한다.

2 생강을 끓는 물에 한번 데쳐 체에 밭친다.

3 냄비에 물, 식초, 설탕, 소금을 넣고 팔팔 끓인다.

4 불을 끄고 ②의 데친 생강을 넣는다.

5 그대로 하루를 둔다.

6 다음날 병에 담는다.

메뉴

조리 Tip

어디 내놓아도 손색없는 '나만의 십팔번'을 기록으로 남겨 보세요.

만들어서 칭찬받은 레시피,

내 마음에 꼭 드는 레시피…

한 가지, 두 가지 모여 내 인생의 마스터피스가 완성됩니다.

요리하는 즐거움은 행복한 삶의 증거랍니다.

오래도록 간직해온 손때 묻은 행복의 흔적들,

훗날 사랑하는 이에게 당신을 추억할 선물로 전해주세요.

내 인생의 마스터피스

나의 레시피 노트

date
title

'나의 마스터피스'를 사진으로 남겨주세요.

stuff

how to make

date
title

date
title

'나의 마스터피스'를 사진으로 남겨주세요.

stuff

how to make

date
title

'나의 마스터피스'를 사진으로 남겨주세요.

stuff

how to make

date
title

date

title

stuff

how to make

date

title

'나의 마스터피스'를 사진으로 남겨주세요.

stuff

how to make

date

title

'나의 마스터피스'를 사진으로 남겨주세요.

stuff

how to make

date

title

'나의 마스터피스'를 사진으로 남겨주세요.

stuff

how to make

date

title

stuff

how to make

date
title

stuff

how to make

date
title

'나의 마스터피스'를 사진으로 남겨주세요.

stuff

how to make

date

title

'나의 마스터피스'를 사진으로 남겨주세요.

stuff

how to make

date

title

'나의 마스터피스'를 사진으로 남겨주세요.

stuff

how to make

date

title

'나의 마스터피스'를 사진으로 남겨주세요.

stuff

how to make

date
title

'나의 마스터피스'를 사진으로 남겨주세요.

stuff

how to make

date

title

stuff

how to make

date
title

'나의 마스터피스'를 사진으로 남겨주세요.

stuff

how to make

date

title

stuff

how to make

date

title

'나의 마스터피스'를 사진으로 남겨주세요.

stuff

how to make

date

title

'나의 마스터피스'를 사진으로 남겨주세요.

stuff

how to make

date

title

stuff

how to make

date

title

'나의 마스터피스'를 사진으로 남겨주세요.

stuff

how to make

date
title

'나의 마스터피스'를 사진으로 남겨주세요.

stuff

how to make

date
title

'나의 마스터피스'를 사진으로 남겨주세요.

stuff

how to make

date

title

'나의 마스터피스'를 사진으로 남겨주세요.

stuff

how to make

date

title

'나의 마스터피스'를 사진으로 남겨주세요.

stuff

how to make

date

title

'나의 마스터피스'를 사진으로 남겨주세요.

stuff

how to make

date

title

'나의 마스터피스'를 사진으로 남겨주세요.

stuff

how to make

date

title

'나의 마스터피스'를 사진으로 남겨주세요.

stuff

how to make

date

title

stuff

how to make

date

title

'나의 마스터피스'를 사진으로 남겨주세요.

stuff

how to make

date
title

'나의 마스터피스'를 사진으로 남겨주세요.

stuff

how to make

date

title

'나의 마스터피스'를 사진으로 남겨주세요.

stuff

how to make

date
title

stuff

how to make

date

title

'나의 마스터피스'를 사진으로 남겨주세요.

stuff

how to make

date
title

'나의 마스터피스'를 사진으로 남겨주세요.

stuff

how to make